Embedded Analytics in SAP S/4HANA®

Michael Kroschwitz

Willkommen bei Espresso Tutorials!

Unser Ziel ist es, SAP-Wissen wie einen Espresso zu servieren: Auf das Wesentliche verdichtete Informationen anstelle langatmiger Kompendien – für ein effektives Lernen an konkreten Fallbeispielen. Viele unserer Bücher enthalten zusätzlich Videos, mit denen Sie Schritt für Schritt die vermittelten Inhalte nachvollziehen können. Besuchen Sie unseren YouTube-Kanal mit einer umfangreichen Auswahl frei zugänglicher Videos:

https://www.youtube.com/user/EspressoTutorials.

Kennen Sie schon unser Forum? Hier erhalten Sie stets aktuelle Informationen zu Entwicklungen der SAP-Software, Hilfe zu Ihren Fragen und die Gelegenheit, mit anderen Anwendern zu diskutieren:

http://www.fico-forum.de.

Eine Auswahl weiterer Bücher von Espresso Tutorials:

- Andreas Unkelbach: **Berichtswesen im SAP®-Controlling**
  http://5150.espresso-tutorials.de
- Martin Munzel, Renata Munzel: **Projektcontrolling mit SAP® PS**
  http://5156.espresso-tutorials.de
- Reynaldo Konrad, Christian Sass, Sebastian Zick: **Schnelleinstieg in SAP® BPC optimized for SAP S/4HANA®**
  http://5332.espresso-tutorials.de
- Nora Voigt: **Praxishandbuch SAP S/4HANA® Controlling**
  http://5365.espresso-tutorials.de
- Christoph Theis, Stefan Eifler: **Werteflüsse in die SAP®-Ergebnisrechnung (CO-PA) unter S/4HANA®**
  http://5394.espresso-tutorials.de

Bibliografische Information der Deutschen Nationalbibliothek
Die Deutsche Nationalbibliothek verzeichnet diese Publikation in der Deutschen Nationalbibliografie; detaillierte bibliografische Daten sind im Internet über https://portal.dnb.de abrufbar.

Michael Kroschwitz

Embedded Analytics in SAP S/4HANA®

ISBN: 978-3-960121-96-1

Lektorat: Monika Hong

Korrektorat: Die Korrekturstube

Coverdesign: Philip Esch

Coverfoto: © ktsdesign | # 142036661 – stock.adobe.com

Satz & Layout: Tanja Jahns

1. Auflage 2021

URL: *www.espresso-tutorials.de*

Feedback:
Wir freuen uns über Fragen und Anmerkungen jeglicher Art. Bitte senden Sie diese an: *info@espresso-tutorials.com*.

Inhaltsverzeichnis

Vorwort

Einen der größten Mehrwerte von SAP S/4HANA bietet die Funktion Embedded Analytics; doch leider ist sie für viele noch ein eher unbeschriebenes Blatt. Und selbst wenn manche Anwender von »Reporting per Knopfdruck« sprechen, so ist ihnen die zugrunde liegende Funktionsweise oft unklar.

Mein Ziel ist es, mit diesem Buch »Licht ins Dunkel zu bringen« und Ihnen einen Praxisleitfaden an die Hand zu geben, mit dem Sie die Funktionsweise verstehen und die Theorie anhand von Beispielen in die Praxis umsetzen können.

Letztere orientieren sich an konkreten Fragestellungen aus dem Unternehmensalltag, die ich in meiner Tätigkeit als SAP-Berater im Umfeld von SAP S/4HANA Finance bereits lösen konnte. Ich werde Ihnen in diesem Buch zeigen, wie Sie zielorientiert Berichte finden, bestehende Berichte anpassen oder komplett eigene erstellen und letztendlich per SAP-Fiori-App konsumieren können. Die in diesem Buch vorgestellten Praxisbeispiele haben zwar einen Finanzhintergrund, können jedoch genau so an andere Bereiche adaptiert werden.

Zielgruppe

Dieses Buch richtet sich sowohl an SAP-Key-User und SAP-Berater, die selbst Berichte konsumieren, anpassen oder erstellen, als auch an SAP-Business-Warehouse-Berater. Ich habe in SAP-S/4HANA-Einführungsprojekten bereits gelernt, dass sich speziell für SAP Business Warehouse (SAP BW) zuständige Abteilungen vieler Unternehmen neu aufstellen müssen, da ein Großteil ihrer Arbeit in Zukunft direkt in SAP S/4HANA stattfinden wird.

Dieses Buch hat nicht den Anspruch, Key-User oder Berater zu Experten für SAP BW auszubilden, sondern es soll Sie in die Grundlagen sowie die Funktionsweise von Embedded Analytics einführen, damit

Sie diese entweder selbst anwenden oder Anforderungen besser an Experten kommunizieren können.

Aufbau

Zunächst gebe ich Ihnen einen ersten Eindruck vom Konzept und von den technischen Grundlagen von Embedded Analytics.

In Kapitel 2 zeige ich Ihnen, wie Sie im Alltag als SAP-Berater, Key-User oder selbst als Anwender die Herausforderung meistern, die passenden Berichte gemäß Ihren Anforderungen zu finden und bereitzustellen.

Kapitel 3 soll Ihnen veranschaulichen, wie Sie schnell und einfach eigene Berichte mittels »benutzerdefinierten analytischen Abfragen« (Custom Analytical Queries) erstellen können.

Bevor Sie dann selbst Berichte bearbeiten, werde ich Ihnen in Kapitel 4 zunächst die wichtigsten Tools näherbringen, mit denen Sie Views anpassen bzw. erstellen können.

In Kapitel 5 erläutere ich, welche Anpassungsmöglichen es gibt, um Standardberichte um kundeneigene Felder zu erweitern. Anschließend zeige ich Ihnen anhand eines Praxisbeispiels, wie Sie Schritt für Schritt vorgehen müssen.

Kapitel 6 soll Ihnen mithilfe eines kleinen Beispiels aus dem Unternehmensalltag verdeutlichen, wie Sie eigene Berichte mit einer ABAP-CDS-View oder mit einer Calculation View in SAP HANA erstellen können und dabei identische Ergebnisse erzielen.

Im letzten Kapitel gebe ich Ihnen einen kleinen Ausblick auf weitere Zugriffs- und Visualisierungsmöglichkeiten für SAP HANA Calculation Views und ABAP-CDS-Views.

Danksagung

Zunächst möchte ich mich bei meiner Frau Laura bedanken, die bei allem hinter mir steht und mir den größten Rückhalt gibt – wie auch bei diesem Projekt, aufgrund dessen sie mal wieder auf viel gemeinsame Freizeit verzichten musste.

Darüber hinaus danke ich meinen großartigen Kunden, durch deren spannende Projekte ich immer wieder zu neuen Erkenntnissen gelange, die zum Teil auch in dieses Buch eingeflossen sind.

Abschließend möchte ich mich beim Verlag Espresso Tutorials für die hervorragende Unterstützung während meiner Arbeit an diesem Buch bedanken.

In den Text sind Kästen eingefügt, um wichtige Informationen besonders hervorzuheben. Jeder Kasten ist zusätzlich mit einem Piktogramm versehen, das diesen genauer klassifiziert:

Hinweis

Hinweise bieten praktische Tipps zum Umgang mit dem jeweiligen Thema.

Achtung

Warnungen weisen auf mögliche Fehlerquellen oder Stolpersteine im Zusammenhang mit einem Thema hin.

Die Form der Anrede

Um den Lesefluss nicht zu beeinträchtigen, verwenden wir im vorliegenden Buch bei personenbezogenen Substantiven und Pronomen zwar nur die gewohnte männliche Sprachform, meinen aber gleichermaßen Personen weiblichen und diversen Geschlechts.

Hinweis zum Urheberrecht

Zum Abschluss des Vorwortes noch ein Hinweis zum Urheberrecht: Sämtliche in diesem Buch abgedruckten Screenshots unterliegen dem Copyright der SAP SE. Alle Rechte an den Screenshots hält die SAP SE. Der Einfachheit halber haben wir im Rest des Buches darauf verzichtet, dies unter jedem Screenshot gesondert auszuweisen.

1 Grundlagen von Embedded Analytics

In diesem Kapitel möchte ich Ihnen einen ersten Eindruck vom Konzept und von den technischen Grundlagen der Embedded Analytics von SAP vermitteln.

1.1 Was verbirgt sich hinter Embedded Analytics?

Ich könnte Ihnen vorab die Entstehungsgeschichte und wichtigsten Grundlagen von SAP S/4HANA erläutern, verzichte aber bewusst darauf, da es bereits sehr viel großartige Lektüre zu diesem Thema gibt. Fakt ist: Das volle Potenzial von Embedded Analytics können Sie nur mit SAP S/4HANA nutzen. Grund dafür ist u. a. die neue, vereinfachte Datenarchitektur in Verbindung mit der In-Memory-Datenbank SAP HANA. Letztere ermöglicht beispielsweise, sämtliche Informationen zu einem Beleg der Finanzbuchhaltung aus dem Universal Journal und damit aus der Tabelle **ACDOCA** (**Ac**counting **Doc**ument **A**ctuals) zu erhalten. Das Universal Journal ist quasi ein InfoProvider.

Wir befinden uns mitten in der digitalen Transformation. Informationen werden immer kurzlebiger, müssen schnellstmöglich bereitgestellt werden und können ggf. entscheidende Wettbewerbsvorteile bedeuten. Sie sind das Gold der heutigen Zeit.

Genau hier setzt die neue Technologie der Embedded Analytics von SAP an. Im Gegensatz zum klassischen Business Warehouse, bei dem nur der Ansatz **O**n**L**ine **A**nalytical **P**rocessing (OLAP) verfolgt wird, werden mit Embedded Analytics die Ansätze OLAP und **O**n**L**ine **T**ransaction **P**rocessing (OLTP) kombiniert. OLTP ist der klassische Reporting-Ansatz (verwendet beispielsweise auch in SAP ERP Central Component, SAP ECC), bei dem operative Daten transaktional analysiert werden. Mit OLAP hingegen werden große Datenmengen mittels komplexer Datenstrukturen verdichtet und möglichst schnell ausgewertet. Allerdings dürfen wir hierbei nicht vergessen, dass die Daten zunächst aus einem operativen ERP-System extrahiert werden müssen. Hierbei von schnell oder wirklichem Realtime-Reporting zu sprechen, wäre falsch.

Mit Embedded Analytics ist es also möglich, die Daten in Echtzeit zu analysieren, da zuvor keine komplexen Datenstrukturen oder Programme zu durchlaufen sind, sondern die Daten direkt von der Datenbank abgerufen werden.

Dazu werden spezielle Objekte verwendet, die ich Ihnen im nächsten Abschnitt näher erläutern werde.

1.2 Die Systemarchitektur

Zunächst möchte ich Ihnen anhand von Abbildung 1.1 die Systemarchitektur eines SAP-S/4HANA-Systems erklären.

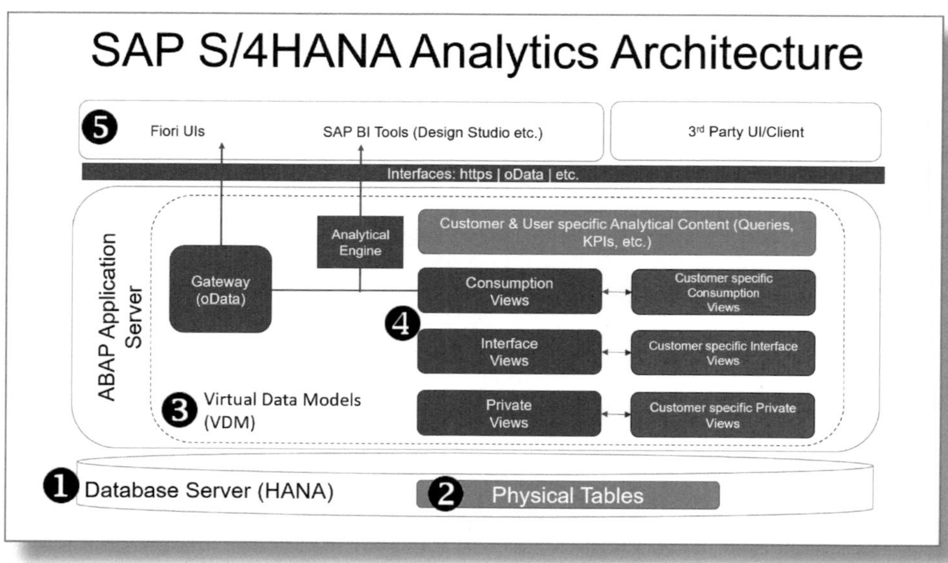

Abbildung 1.1: Systemlandschaft des Embedded Reporting in SAP S/4HANA

❶ SAP-HANA-Datenbank

Die SAP-HANA-In-Memory-Datenbank bildet den Kern der Embedded Analytics, dem wiederum ein relationales Datenbankmanagement-System zugrunde liegt, das die Kombination OLAP und OLTP ermöglicht. Auf der SAP-HANA-Datenbank werden die Daten des SAP-S/4HANA-Systems in physischen Tabellen komprimiert und gespeichert.

❷ SAP-HANA-Views (physische Tabellen)

Mittels SAP-HANA-Views können Sie Daten direkt in der Datenbank analysieren, berechnen oder selektieren. Es wird zwischen folgenden View-Typen unterschieden:

- *Attribute Views* – werden eingesetzt, um Stammdaten und Attribute zu kombinieren und zu lesen. Attribute Views werden häufig wiederverwendet, beispielsweise für Sachkontenstammdaten.
- *Analytic Views* – dienen dazu, Bewegungsdaten und Fakten zu lesen oder berechnete Spalten (Calculated Columns) zu generieren.
- *Calculation Views* – bilden eine Kombination von Tabellen, Attribute Views, Analytical Views sowie Calculated Columns, um komplexe Datenmodelle zu erstellen oder Bewegungsdaten und Fakten zu lesen. Calculation Views können sowohl grafisch als auch SQL-basiert erstellt werden.

In früheren Versionen von SAP HANA hatten alle drei View-Typen ihren eigenen definierten Verwendungszweck. Im Laufe der Jahre wurden Funktionen der Analytic Views in die Calculation Views überführt. Heute ersetzen Letztere zunehmend die Analytic Views und sind die zukunftsorientierte Wahl.

SAP-HANA-Views können mittels Eclipse (inkl. SAP-HANA-Add-on), SAP HANA Studio und SAP Web IDE erstellt werden. Sie erfahren mehr zu diesen Tools in Kapitel 4.

❸ Virtuelle Datenmodelle

Das virtuelle Datenmodell (Virtual Data Model) dient dazu, Datenbank-Views zu strukturieren, die die Daten mittels SQL von der Datenbank abrufen. In der schematischen Darstellung sind die ABAP-CDS-Views (hierzu gleich mehr) im virtuellen Datenmodell hierarchisch strukturiert. Im Wesentlichen werden auf unterster Ebene des Modells Bewegungs- und Stammdaten in getrennten Views von der Datenbank gelesen. Über verschiedene Ebenen und View-Typen hinweg werden diese Daten bis hin zur Query View konsolidiert.

❹ ABAP-CDS-Views

»CDS« steht in diesem Kontext für **C**ore **D**ata **S**ervices. ABAP-CDS-Views sind das Pendant zu SAP-HANA-Views und werden im ABAP-Stack des SAP-S/4HANA-Systems entwickelt (verfügbar seit ABAP 7.40 SP8). Sie dienen wie SAP-HANA-Views zur Entwicklung von Datenmodellen und somit Datenbankabfragen. ABAP-CDS-Views werden mittels OpenSQL ausgeprägt. Durch den Code-Pushdown wird die Rechenleistung an die SAP-HANA-Datenbank ausgelagert; somit ist ein Performanceunterschied zwischen ABAP-CDS-Views und SAP-HANA-Views kaum zu spüren. Im SAP-S/4HANA-Kontext wird zwischen nachfolgenden CDS-Views unterschieden:

- *Private/Basic Views* – Private oder Basic Views greifen direkt auf Datenbanktabellen zu. Sie dienen in der Regel dazu, Daten einer Tabelle bereitzustellen, damit diese in anderen Views wiederverwendet werden können.
- *Interface-/Composite Views* – Mit Interface-/Composite Views (zusammengesetzten Views) werden mehrere Basic Views konsolidiert. Es werden beispielsweise die Sachkontentexte (SKA1) zur Tabelle ACDOCA hinzugelesen.
- *Consumption-Views* – Consumption-Views (Verbrauchs-Views) bilden die oberste Hierarchiestufe im Reporting-Modell ab. Sie setzen auf Interface-Views auf und konsolidieren die finalen Daten für den späteren Bericht.

- *Customer Specific Views* – Zu jeder View können Customer Specific Views (kundenspezifische Views) erstellt werden. Damit ist es möglich, bestehende Views um bestimmte Merkmale zu erweitern, ohne diese zu modifizieren. Mittels Customer Specific Views können auch SAP-Standard-Views ergänzt werden. Mehr dazu können Sie in Abschnitt 5.2 nachlesen.

❺ Reporting-Schicht

Die Reporting-Schicht dient zur Konsumierung und Visualisierung der Queries in SAP S/4HANA mittels SAP-Fiori-Applikationen. Für Standard-Queries bietet SAP viele Standardkacheln an, die nach vorheriger Aktivierung (siehe Kapitel 2) verwendet werden können. Für kundeneigene Queries bieten sich benutzerdefinierte analytische Abfragen an (siehe Kapitel 3).

1.2.1 InfoAreas

InfoAreas dienen der Strukturierung eines BW-Systems und somit der Gliederung von BW-Objekten, wie z. B. InfoObjects und InfoProvidern. In SAP S/4HANA Embedded Analytics sind die Standardauslieferungsobjekte ebenfalls in InfoAreas geordnet. Die InfoProvider von Finance gehören in die InfoArea Finanzkreis & Controlling – /ERP/FMCO (siehe Abbildung 1.2).

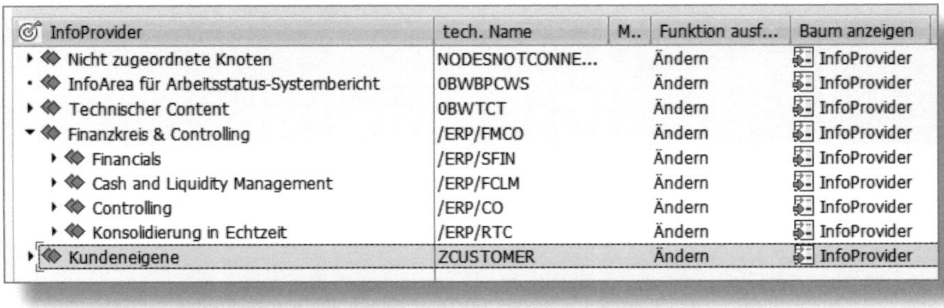

InfoProvider	tech. Name	M..	Funktion ausf...	Baum anzeigen
Nicht zugeordnete Knoten	NODESNOTCONNE...		Ändern	InfoProvider
InfoArea für Arbeitsstatus-Systembericht	0BWBPCWS		Ändern	InfoProvider
Technischer Content	0BWTCT		Ändern	InfoProvider
Finanzkreis & Controlling	/ERP/FMCO		Ändern	InfoProvider
Financials	/ERP/SFIN		Ändern	InfoProvider
Cash and Liquidity Management	/ERP/FCLM		Ändern	InfoProvider
Controlling	/ERP/CO		Ändern	InfoProvider
Konsolidierung in Echtzeit	/ERP/RTC		Ändern	InfoProvider
Kundeneigene	ZCUSTOMER		Ändern	InfoProvider

Abbildung 1.2: InfoArea »Finanzkreis & Controlling«

1.2.2 InfoObjects

InfoObjects sind typische Auswertungsobjekte aus SAP BW und werden u. a. gebraucht, wenn zeitabhängige Merkmale (Geschäftsjahr 0CALYEAR) als Selektionsparameter in Queries verwendet werden. InfoObjects unterscheiden sich in folgenden Eigenschaften:

- Merkmale (z. B. Buchungskreis; siehe Abbildung 1.3)
- Kennzahlen (z. B. Umsatz, Kosten)
- Einheiten (z. B. Währungen und Mengen)
- Zeitmerkmale (z. B. Geschäftsjahr, Monat)
- technische Merkmale (z. B. eine Request-ID)

Anzeige von InfoObjects

InfoObjects können Sie mit der Transaktion *RSA5* installieren und mit der Transaktion *RSD1* im SAP-S/4HANA-System anzeigen lassen.

In Abbildung 1.3 sehen Sie das InfoObject */ERP/COMPCODE – Buchungskreis*, das im Standard ausgeliefert ist. In den Details auf der Registerkarte ALLGEMEIN können Sie beispielsweise sehen, welcher Datentyp sich hinter diesem InfoObject verbirgt und welche Zeichenlänge es hat.

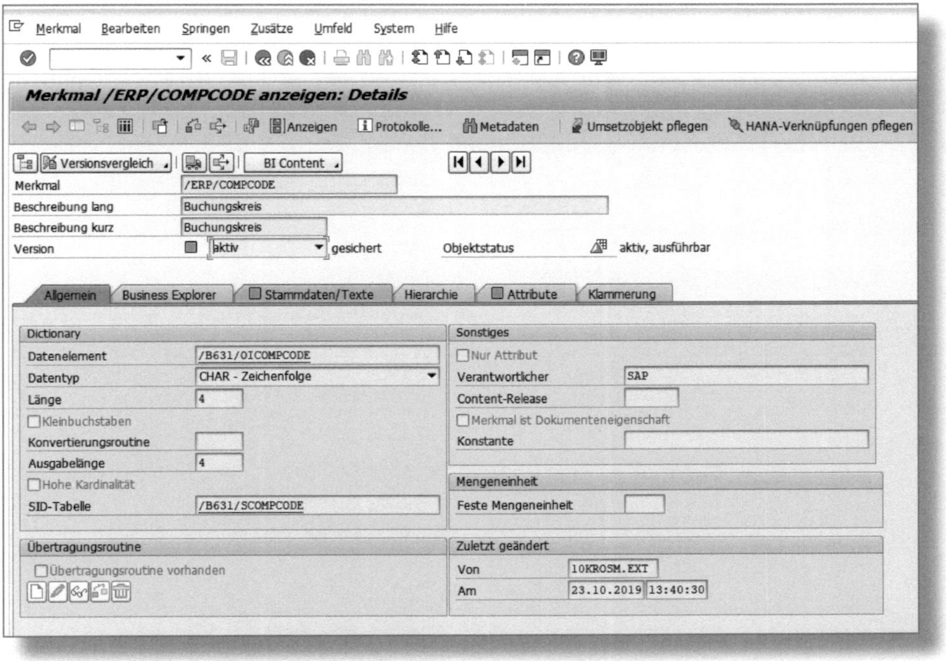

Abbildung 1.3: InfoObject, Merkmal »/ERP/COMPCODE« – Buchungskreis, allgemeine Daten

Hinweis zur Einrichtung von SAP S/4HANA Embedded Analytics

Der Hinweis 2289865, »Configuration steps for SAP S/4HANA Analytics«, beschreibt die notwendigen Schritte, um Analytics in SAP S/4HANA On-Premises einzusetzen. Da die Schritte des Hinweises sehr technisch sind, empfehle ich Ihnen, diesen Hinweis durch Ihre SAP-Basis-Kollegen einspielen zu lassen.

Auf der Registerkarte Stammdaten/Texte (siehe Abbildung 1.4) erkennen Sie, dass dieses InfoObject ebenfalls ein InfoProvider ist, den Sie nutzen können, um beispielsweise direkt Daten zu Buchungskreisen in einer Query auszulesen. Darüber hinaus zeigt dieselbe Registerkarte, dass die dazugehörigen Daten über die SAP-HANA-View *FCO_C_COMPANY_CODE* von der Datenbank abgefragt werden.

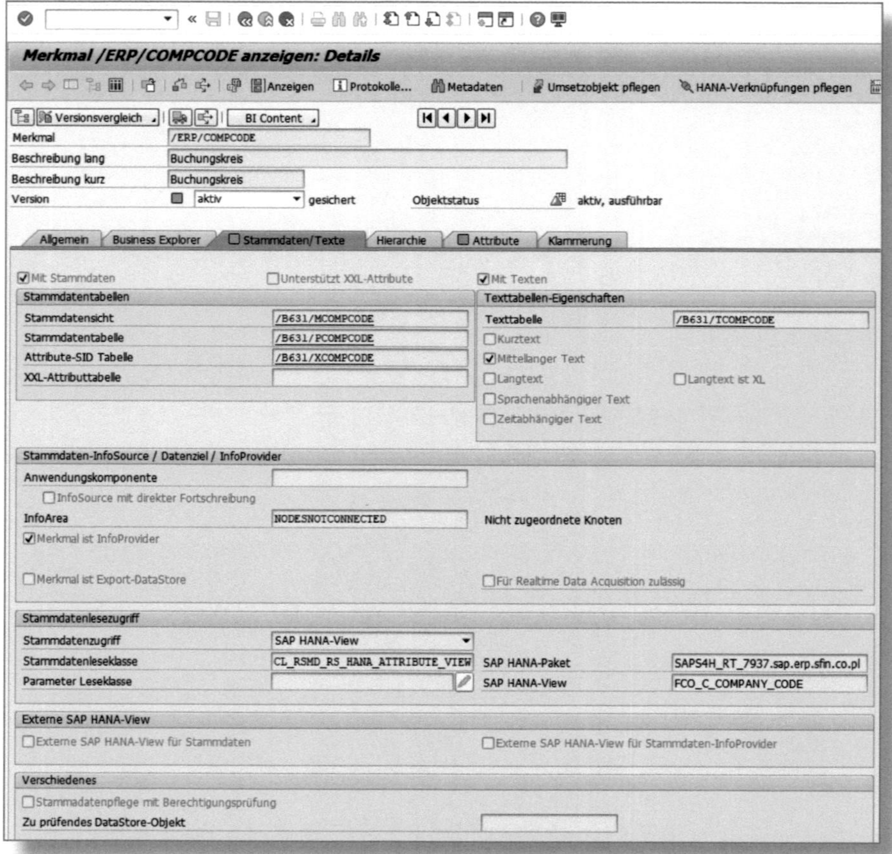

Abbildung 1.4: InfoObject, Merkmal »/ERP/COMPCODE« – Buchungskreis, Stammdaten/Texte

1.2.3 InfoProvider

Der Ausdruck *InfoProvider* ist ein Oberbegriff für BW-Objekte. InfoProvider dienen als Datenlieferanten. Sie können Daten speichern (Daten werden in InfoProvider geladen) oder nur als Datenlesequelle (virtueller InfoProvider) genutzt werden.

Nachfolgende InfoProvider enthalten physische Daten:

- InfoCubes (siehe Abschnitt 1.2.5)
- DataStore-Objekte (dienen der Ablage von konsolidierten und bereinigten Bewegungs- oder Stammdaten auf Belegebene)
- InfoObjects als InfoProvider (direktes Lesen der Daten eines InfoObjects, z. B. in einer Query)

In den nachfolgenden Abschnitten werde ich auf virtuelle InfoProvider und InfoCubes näher eingehen, da sie die relevanten Objekte für Embedded Analytics sind.

Anzeige von InfoProvidern

Mithilfe der Transaktion *RSA1* können Sie sich über MODELING • INFOPROVIDER die ausgelieferten InfoProvider in Ihrem SAP-S/4HANA-System anzeigen lassen.

Abbildung 1.5 zeigt einen Ausschnitt aus der Transaktion *RSA1*. Hier sehen Sie den virtuellen InfoProvider S/4HANA FINANCIALS: ISTDATEN AUS ACDOCA (/ERP/SFIN_V01), der im Standard ausgeliefert ist.

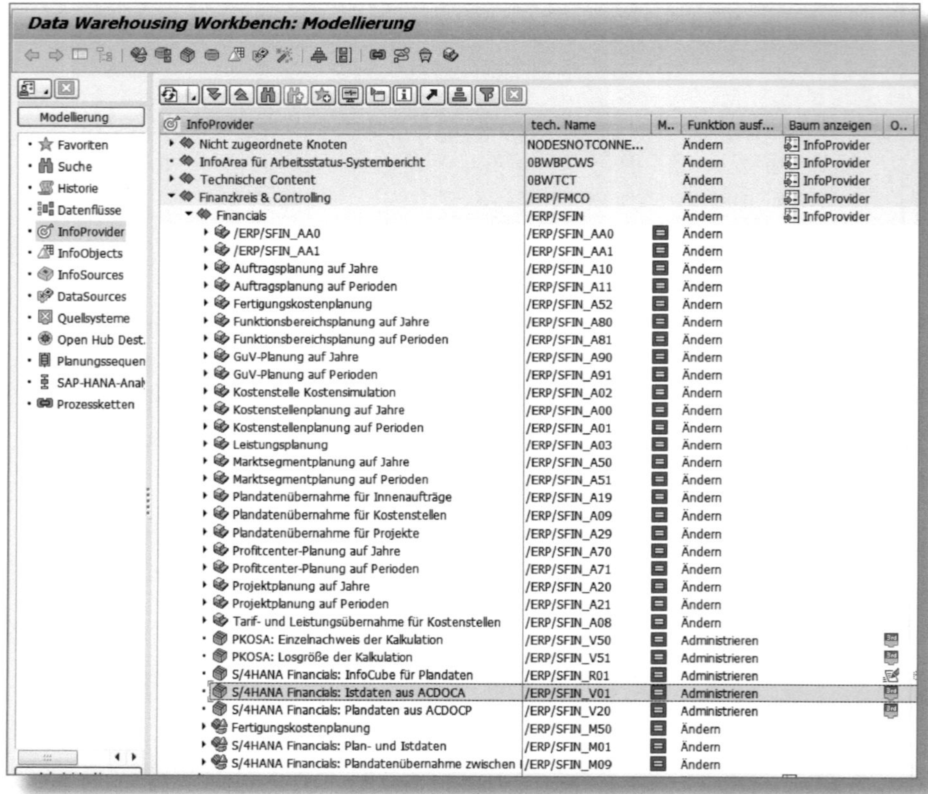

Abbildung 1.5: InfoProvider in SAP S/4HANA

1.2.4 Virtueller InfoProvider

In SAP S/4HANA werden virtuelle InfoProvider beispielsweise für Standard-SAP-Fiori-Apps verwendet, wie etwa zur Anzeige von Kostenstellen-Ist- oder -Plandaten.

InfoProvider speichern Daten nicht wie InfoCubes (siehe Abschnitt 1.2.5), sondern lesen sie zur Laufzeit direkt von der Datenbank, wie Sie es von Views kennen. Sie erlauben somit auch nur das Lesen von Daten und nicht deren Speichern oder Verändern. In Abbildung

1.6 sehen Sie den virtuellen InfoProvider Istdaten aus ACDOCA (/ERP/SFIN_V01), der in der Voreinstellung mit der standardmäßigen SAP-Fiori-App »Marktsegmente Istdaten« (Market Segments) in SAP S/4HANA ausgeliefert wird. Dieser greift wiederum direkt auf die SAP-HANA-View FCO_C_IBP_ACDOCA zu. Wenn Sie nun beispielsweise die SAP-Fiori-App »Marktsegmente Istdaten« (App-ID F0943A) aufrufen, wird im Hintergrund die Query (/ERP/SFIN_M01_Q2501) verwendet, die sich dieses InfoProviders bedient.

Ich möchte Ihnen jetzt kurz anhand einiger Abbildungen erklären, wie Sie Schritt für Schritt herausfinden, welche SAP-HANA-View sich hinter einem ausgelieferten InfoProvider verbirgt, falls Sie diesen kopieren und anpassen möchten.

1. Rufen Sie den zu untersuchenden InfoProvider über die Transaktion *RSA1* auf (siehe Abbildung 1.6).

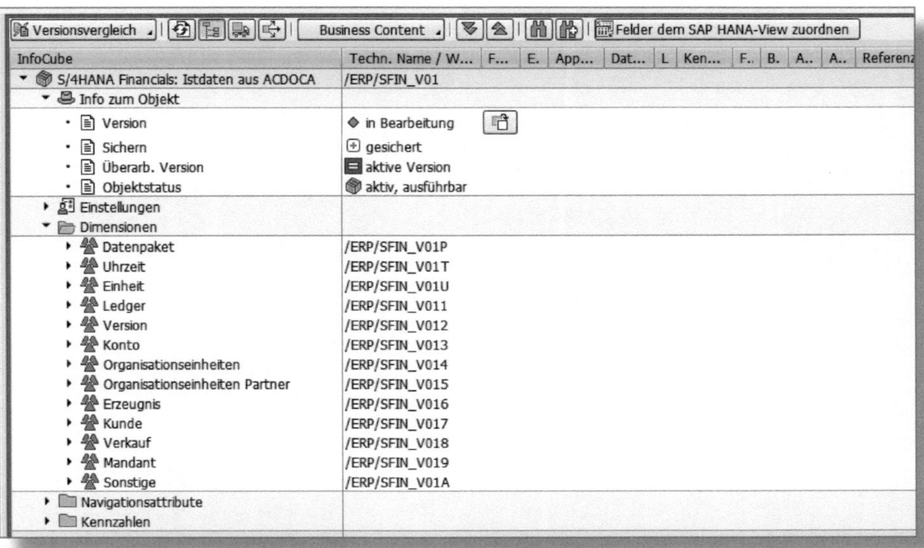

Abbildung 1.6: Virtueller InfoProvider – »Istdaten aus ACDOCA«

2. Klicken Sie anschließend in der Menüleiste auf Zusätze • Information (Strg + F5) (siehe Abbildung 1.7).

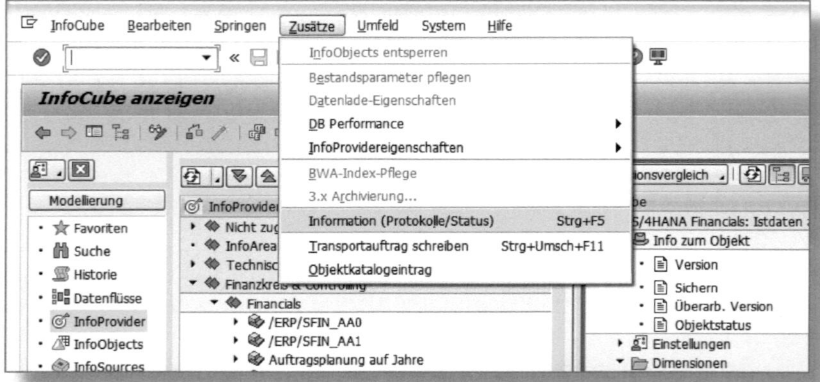

Abbildung 1.7: InfoProvider »/ERP/SFIN_V01« – Information

3. Im geöffneten Pop-up klicken Sie auf Typ/Attribute (siehe Abbildung 1.8).

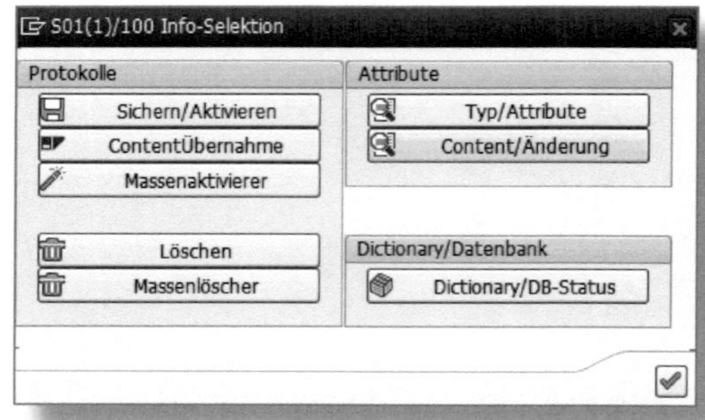

Abbildung 1.8: InfoProvider »/ERP/SFIN_V01« – Info-Selektion

4. Es öffnet sich ein weiteres Fenster, in dem Sie im Bildbereich InfoProvider-Typ sehen, dass es sich hierbei um einen InfoProvider handelt, der auf einer SAP-HANA-View basiert (siehe Abbildung 1.9).

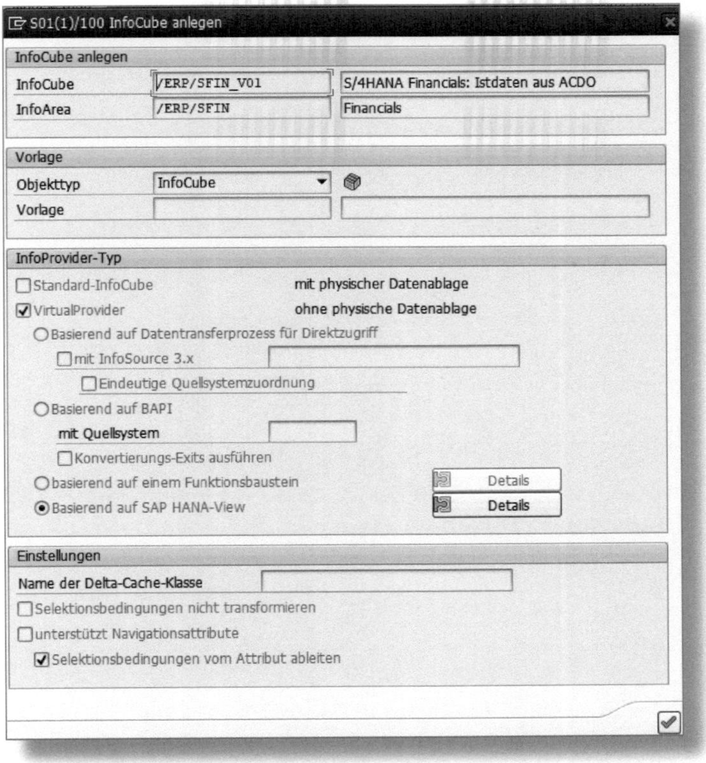

Abbildung 1.9: *InfoProvider »/ERP/SFIN_V01« – Typ*

5. Mit Klick auf Details werden Ihnen Einzelheiten zu Ihrem virtuellen InfoProvider angezeigt – u. a. die technische Bezeichnung der SAP-HANA-View, in diesem Fall *FCO_C_IBP_ACDOCA* (siehe Abbildung 1.10).

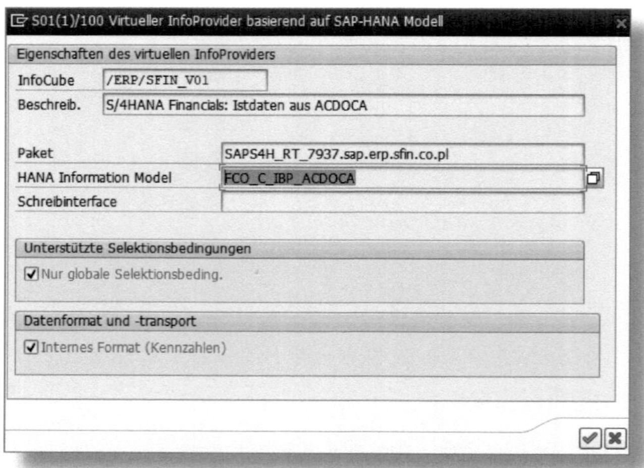

Abbildung 1.10: InfoProvider »/ERP/SFIN_V01« – Eigenschaften des virtuellen InfoProviders, SAP-HANA-View

1.2.5 InfoCubes

InfoCubes sind ebenfalls BW-Objekte und dienen der Datenbereitstellung, z. B. für BEx Queries (siehe Abschnitt 1.2.6). Im Gegensatz zu virtuellen InfoProvidern können in InfoCubes Daten geladen und gespeichert werden. Im Standardberichtswesen von SAP S/4HANA wird der InfoCube */ERP/SFIN_R01 – Financials Planning* beispielsweise für das Speichern von Plandaten genutzt. In SAP S/4HANA werden InfoCubes u. a. für folgende Planungen eingesetzt:

- Kostenstellenplanung
- Planung von Innenaufträgen

- Planung in der Markt- und Segmentrechnung (CO-PA/CO-MA)
- Profitcenter-Planung

In Abbildung 1.11 sehen Sie den InfoCube */ERP/SFIN_R01*. Auf den ersten Blick ist kein Unterschied zu einem virtuellen InfoProvider zu erkennen. Über denselben Weg wie in Abschnitt 1.2.4 beschrieben können Sie sich auch für diesen InfoCube die Attribute anzeigen lassen. Dabei sehen Sie, dass es sich hierbei um einen SAP-HANA-optimierten Standard-InfoCube mit einer physischen Datenablage handelt (siehe Abbildung 1.12).

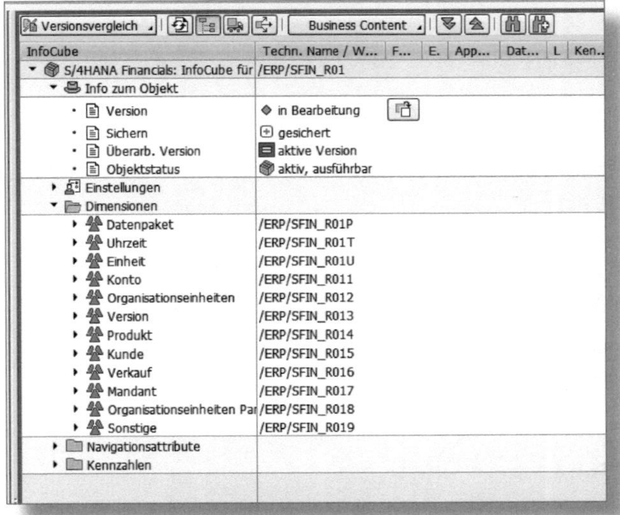

Abbildung 1.11: InfoProvider »/ERP/SFIN_R01« – InfoCube für Plandaten

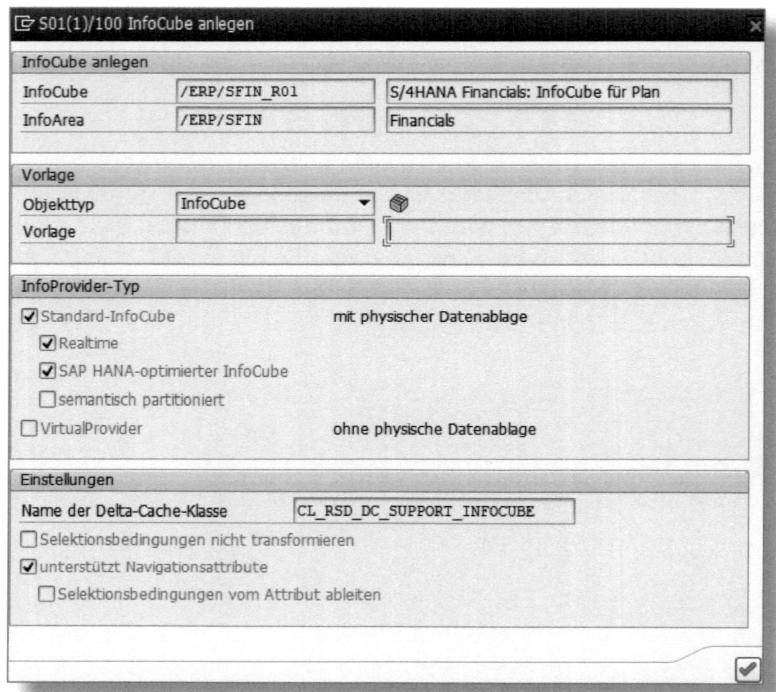

Abbildung 1.12: InfoProvider »/ERP/SFIN_R01« – Attribute

1.2.6 BW-Queries in SAP S/4HANA

Wie in den Abschnitten zuvor beschrieben, werden im Standard von SAP S/4HANA Queries zur Visualisierung von Daten eingesetzt. Diese greifen u. a. auf den Infoprovider */ERP/SFIN_V01 – Istdaten aus ACDOCA* (siehe Abschnitt 1.2.4) zu.

Eventuell haben Sie schon einmal von *BEx Queries* gehört. Dabei handelt es sich nicht um einen speziellen Typ von BW-Queries, sondern einfach nur um Queries, die mit dem SAP BEx Query Designer erstellt wurden.

Darüber hinaus bestehen verschiedenste Möglichkeiten, Queries zu erzeugen – die gängigsten im Umfeld von SAP S/4HANA sind folgende:

- SAP BEx Query Designer (siehe Abschnitt 7.5)
- BW Modeling Tools (SAP-Komponente BW-MT; siehe Abschnitt 4.1) in Eclipse
- per Definition eines ABAP-CDS-Views zur Analytical Query (Annotation `@Analytics.query: true`; siehe Abschnitt 6.3.2)

Abbildung 1.13 soll Ihnen veranschaulichen, wie z. B. der Datenfluss von der Tabelle ACDOCA bis hin zur verwendeten BEx Query aussieht:

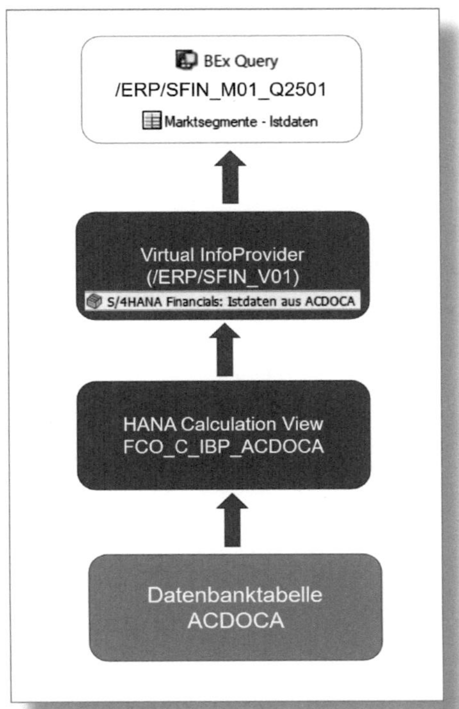

Abbildung 1.13: Datenfluss von Tabelle ACDOCA bis BEx Query

In der *SAP Fiori Apps Reference Library* erkennen Sie in den Hinweisen zur jeweiligen App schnell, ob diese eine BW-Query verwendet. Rufen Sie hierfür die entsprechende App (siehe Abschnitt 2.1.1) auf und schauen Sie sich in den Informationen den APPLICATION TYPE an. Falls eine BW-Query zum Einsatz kommt, ist dies mit BW QUERY USED beschrieben (siehe Abbildung 1.14).

Aufruf der SAP Fiori Apps Reference Library

Sie können die SAP Fiori Apps Reference Library unter nachfolgendem Link erreichen. Zu jeder App finden Sie eine Beschreibung über die Funktionen (PRODUCT FEATURES) sowie Hinweise zur Implementierung (IMPLEMENTATION INFORMATION):

https://fioriappslibrary.hana.ondemand.com/sap/fix/externalViewer/

Market Segments - Actuals

for Cost Accountant - Sales

SAP S/4HANA

Required Back-End Product SAP S/4HANA

Line of Business Finance

Application Type Analytical, BW Query used (SAP Fiori: Design Studio)

Database HANA DB exclusive

Form Factor Desktop

App ID F0943A

Abbildung 1.14: SAP-Fiori-App »Marktsegmente – Istdaten«, Applikationstyp »BW Query«

Darüber hinaus können Sie in den technischen Hinweisen zur Implementierung erfahren, wie der technische Name der verwendeten Query lautet. Sehen Sie sich hierfür unter IMPLEMENTATION INFORMATION der App im Absatz CONFIGURATION die Zielzuordnung der App an. In der Spalte Parameter Value finden Sie neben dem Parameter Key *XQUERY* den technischen Namen der Query (siehe Abbildung 1.15).

Parameter Key	Parameter Value
CompanyCode	%%UserDefault.extended.CompanyCode%%
ControllingArea	%%UserDefault.ControllingArea%%
FiscalYear	%%UserDefault.FiscalYear%%
FunctionalArea	%%UserDefault.extended.FunctionalArea%%
ProfitCenter	%%UserDefault.extended.ProfitCenter%%
Segment	%%UserDefault.extended.Segment%%
XQUERY	/ERP/SFIN_M01_Q2501
XSEMANTIC_OBJECTS	CustomerGroup,GLAccount,MarketSegment,MaterialGroup
XSYSTEM	S4FIN

Abbildung 1.15: SAP-Fiori-App »Marktsegmente – Istdaten«, Zielzuordnung, technische Query-ID »/ERP/SFIN_M01_Q2501«

1.2.7 Hilfreiche Transaktionen

Nachfolgend möchte ich Ihnen einige Transaktionen auflisten, die Sie in der täglichen Arbeit im Embedded-Analytics-Umfeld eines SAP S/4HANA-Systems unterstützen:

- *RSA1 – Business Warehouse Modeling Workbench:* die Entwicklungsumgebung im Business-Warehouse-Umfeld. Mit dieser Transaktion können Sie so gut wie alle Objekte für Embedded Analytics anlegen, bearbeiten bzw. sich anzeigen lassen. Hier finden Sie z. B. alle InfoAreas, InfoObjects und InfoProvider.
- *RSD1 – InfoObjects bearbeiten*
- *RSD5 – InfoObjects aktivieren*
- *RSRT – Query-Monitor:* zum Testen erstellter Queries

- */ui2/flp – SAP Fiori Launchpad*
- */ui2/flpd_cust – SAP Fiori Launchpad Designer:* Im SAP Fiori Launchpad Designer erstellen Sie SAP-Fiori-Kachelkataloge, -Kachelgruppen sowie eigene SAP-Fiori-Kacheln.
- */UI2/SEMOBJ – Semantische Objekte:* zum Erstellen von Navigationsobjekten für Zielzuordnungen von SAP-Fiori-Kacheln

1.3 ABAP-CDS-Views vs. SAP HANA Calculation Views

In Abschnitt 1.2 habe ich Ihnen die Systemarchitektur von Embedded Analytics in SAP S/4HANA vorgestellt. Dabei haben Sie erfahren, dass es ABAP-CDS-Views und SAP HANA Calculation Views gibt.

Beide View-Typen verfolgen das Ziel, Daten von der Datenbank zu lesen und für die weitere Verwendung bereitzustellen. Wie in Abschnitt 1.2.4 beschrieben, greifen virtuelle InfoProvider zum Teil direkt auf SAP HANA Calculation Views zu. Jetzt könnte man sich zu Recht die Frage stellen, warum es überhaupt die beiden Arten von Views gibt und wann diese verwendet werden?

Genau darauf möchte ich Ihnen in diesem Abschnitt Antworten geben.

1.3.1 Verwendung von ABAP CDS in SAP S/4HANA

Die grundsätzliche Strategie von SAP sieht die Verwendung von ABAP-CDS-Views vor. Vor ABAP 7.40 SP8 (2015/2016) wurden, insbesondere in SAP HANA Live, SAP HANA Calculation Views verwendet.

Der Vorteil von ABAP-CDS-Views liegt in der Option, sie direkt im SAP-NetWeaver-Stack erstellen zu können und dabei noch die Performancevorteile von reinen SAP-HANA-Views zu nutzen. Darüber hinaus werden durch die strategische Positionierung von SAP zu ABAP-

CDS-Views ständig neue Funktionen entwickelt und in SAP S/4HANA bereitgestellt. Auch das Erweiterungskonzept mittels Customer Specific Views für Standard-Views spricht für ABAP-CDS-Views (mehr dazu in Abschnitt 5.2.2).

Im Vergleich zu SAP HANA Calculation Views birgt die Erstellung von ABAP-CDS-Views allerdings den Nachteil, dass hierfür grundlegende Entwicklungskenntnisse in SQL (ABAP) erforderlich sind. Ich bezeichne ABAP CDS deshalb auch nicht als »Beratertool«. SAP HANA Calculation Views können nämlich im Gegensatz dazu grafisch modelliert werden.

1.3.2 Verwendung von SAP HANA Calculation Views in SAP S/4HANA

Auch wenn ABAP-CDS-Views die strategische Wahl sind, werden dennoch weiterhin SAP HANA Calculation Views in SAP S/4HANA verwendet (siehe auch Abschnitt 1.2.3).

SAP HANA Calculation Views werden überwiegend in SAP HANA Live eingesetzt. Views aus SAP HANA Live können Sie unabhängig vom ABAP- oder SAP-NetWeaver-Stack erstellen und verwenden, da diese direkt auf der SAP-HANA-Datenbank realisiert werden. Aus diesem Grund werden SAP HANA Calculation Views auch weiterhin von SAP unterstützt.

Gerade wenn Sie SAP ECC 6.0 auf SAP HANA nutzen, empfehle ich Ihnen die Verwendung von SAP HANA Calculation Views, da diese durch Berater beispielsweise sehr leicht grafisch erstellt werden können. Sie greifen u. a. mit externen ABAP-Views direkt auf SAP HANA Calculation Views zu und konsumieren somit die Daten z. B. in einer Query in SAP ECC 6.0.

1.3.3 Fazit

Wie Sie gelernt haben, werden beide Typen von Views in SAP S/4HANA verwendet und von SAP unterstützt. Darüber hinaus bieten SAP HANA Calculation Views den Mehrwert, dass sie unabhängig vom eingesetzten ERP-System eingesetzt werden können.

Letztendlich bestimmt die geplante Nutzungsweise der View, welche Art von View für Sie infrage kommt.

Wenn Sie beispielsweise direkt in SAP S/4HANA mit benutzerdefinierten analytischen Abfragen (Custom Analytical Queries) über eine SAP-Fiori-App (mehr dazu in Abschnitt 6.4) auf Views zugreifen möchten, empfehle ich den Einsatz von ABAP-CDS-Views.

Möchten Sie jedoch ausschließlich über eine BEx Query oder über SAP Analytics Cloud auf Views zugreifen, können Sie auch eine SAP HANA Calculation View verwenden und diese mittels virtuellem InfoProvider (siehe Abschnitt 1.2.4) aufrufen, wie es auch bei SAP üblich ist.

2 Standardberichte in SAP S/4HANA finden und dem Anwender zur Verfügung stellen

Oft stehen Sie im Alltag als SAP-Berater, Key-User oder selbst als Anwender vor der Herausforderung, einen für die aktuelle Situation geeigneten Bericht zu finden und bereitzustellen. Dies ist gerade im SAP-Fiori-Umfeld gar nicht so einfach, da es eine Vielzahl an Berichten gibt. In diesem Kapitel möchte ich Ihnen deshalb zeigen, wie Sie Berichte finden und aktivieren.

2.1 Wie finde ich einen passenden Bericht im Standard?

Embedded-Analytics-Berichte werden in SAP S/4HANA überwiegend mithilfe von SAP-Fiori-Apps konsumiert. Aus diesem Grund werde ich Ihnen anhand eines Praxisbeispiels zeigen, wie Sie sich in der SAP Fiori Apps Reference Library zurechtfinden und gezielt nach Berichten suchen können.

Aufruf der SAP Fiori Apps Reference Library

Sie können die SAP Fiori Apps Reference Library unter nachfolgendem Link erreichen. Zu jeder App finden Sie eine Beschreibung der Funktionen (PRODUCT FEATURES) sowie Hinweise zur Implementierung (IMPLEMENTATION INFORMATION):

https://fioriappslibrary.hana.ondemand.com/sap/fix/externalViewer/

2.1.1 Wie finde ich einen Bericht in der SAP Fiori Apps Reference Library?

Nehmen wir einmal an, Sie werden darum gebeten, eine Alternative zum klassischen SAP-GUI-Bericht *Kostenstellen: Ist/Plan/Abweichung*, Transaktionscode *S_ALR_87013611*, in SAP S/4HANA zu finden und bereitzustellen.

Suchen in der SAP Fiori Apps Reference Library

Bitte beachten Sie, dass SAP die SAP Fiori Apps Reference Library global zur Verfügung stellt. Dies hat zur Folge, dass alle Apps ausschließlich in Englisch dokumentiert sind. Somit muss die Suche nach einer App auch auf Englisch erfolgen. Suchen Sie z. B. eine Kostenstellen-App, müssen Sie englische Schlagwörter eingeben wie »Cost Center«. Nähern Sie sich darüber hinaus dem Suchergebnis immer mit einzelnen Begriffen. So werden z. B. bei der Suche nach »Cost Center« Ergebnisse angezeigt, bei Verwendung der Kombination »Cost Center Actuals« jedoch keine. Wenn Sie hingegen nur nach »Actuals« suchen, werden Sie fündig.

1. SAP Fiori Apps Reference Library aufrufen

Zunächst einmal müssen Sie die SAP Fiori Apps Reference Library über den zuvor genannten Link in Ihrem Browser aufrufen. Anschließend sollten Sie das nachfolgende Einstiegsbild vorfinden (siehe Abbildung 2.1). Auf der linken Seite haben Sie nun die Möglichkeit, über verschiedene Kategorien (Categories) nach Apps zu suchen. In unserem Fall benötigen wir eine App für SAP S/4HANA, deshalb werden wir die Kategorie All apps for SAP S/4HANA aufrufen.

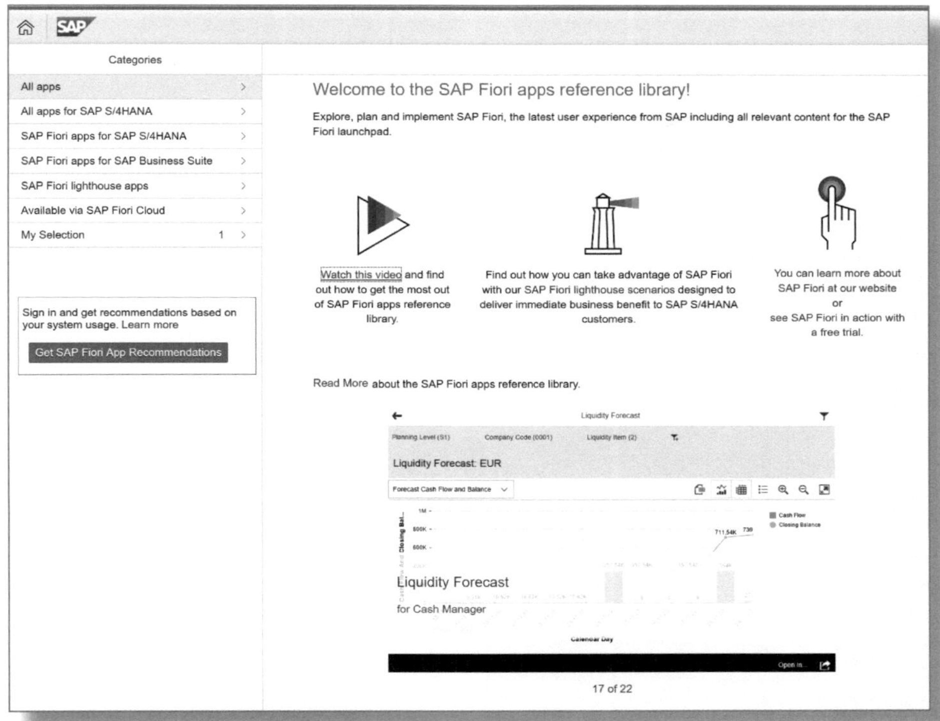

Abbildung 2.1: SAP Fiori Apps Reference Library – Einstiegsbild

2. Apps filtern

Nachdem Sie die Kategorie ALL APPS FOR SAP S/4HANA aufgerufen haben, öffnet sich ein neues Bild mit weiteren Filteroptionen (siehe Abbildung 2.2).

Hier können Sie sich direkt alle Apps anzeigen (ALL APPS) oder die Auswahl über weitere Selektionsparameter einschränken lassen. Da wir eine App im Umfeld des Finanzwesens suchen, schränken wir die Auswahl weiter über den Filter BY LINE OF BUSINESS ein.

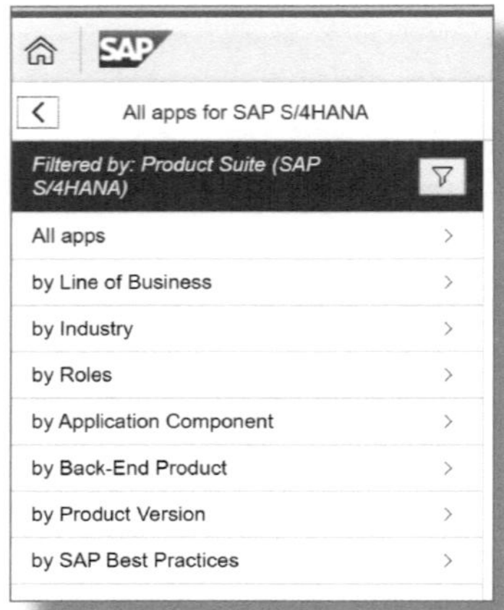

Abbildung 2.2: Filteroptionen der SAP Fiori Apps Reference Library

Im darauffolgenden Bild haben Sie die Möglichkeit, durch die Filterung nach einer SAP-Komponente die Auswahl weiter einzuschränken. Wir entscheiden uns hier für Finance (siehe Abbildung 2.3).

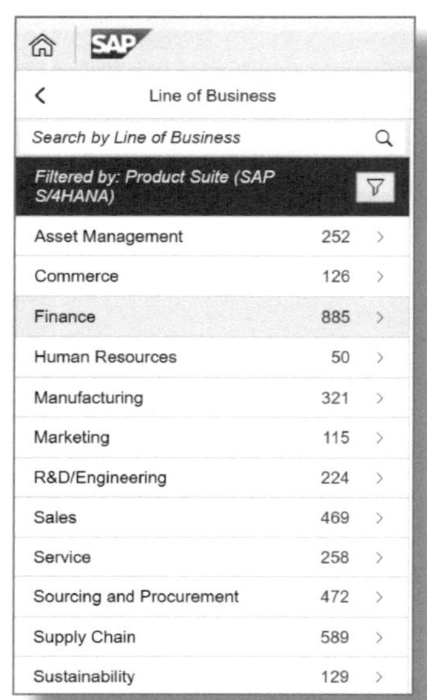

Abbildung 2.3: Filter nach SAP-Komponente in der SAP Fiori Apps Reference Library

3. Auswahl verfeinern

Nach der Einschränkung auf Finance werden Ihnen alle Apps aus dem Umfeld »Finance« angezeigt. Um die erforderliche App schnell zu finden, stehen Ihnen an dieser Stelle folgende Methoden zur Verfeinerung der Suchkriterien zur Verfügung:

- *Suche nach Schlagwort:* Da wir in unserem Beispiel einen Kostenstellenbericht zum Abgleich der Plan-/Istdaten suchen, geben wir über die ❶ *Freitextsuche* (siehe Abbildung 2.4) Schlagwörter ein. In unserem Fall verwenden wir das Schlagwort »Cost Center«. Als Suchergebnis sollten Ihnen nun alle Apps angezeigt werden, die das Schlagwort »Cost Center« enthalten. Für uns ist in diesem Fall die App ❷ Cost Centers – Plan/Actual interessant.

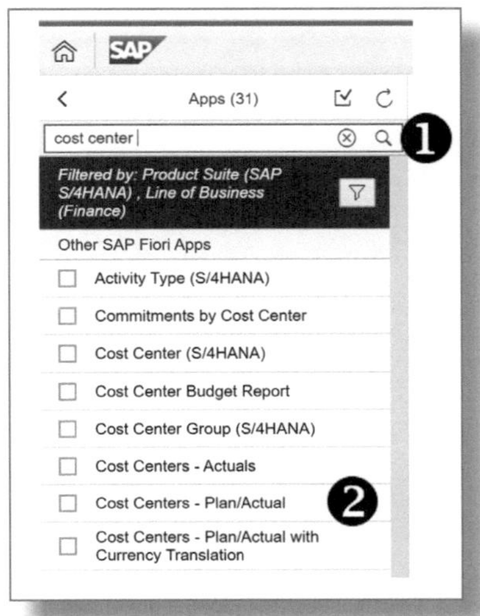

Abbildung 2.4: Freitextsuche in der SAP Fiori Apps Reference Library

- *Suche mit bekanntem SAP-Transaktionscode*: Wenn Sie, wie in unserem Beispiel, nach einer SAP-Fiori-App für eine existierende Transaktion suchen, haben Sie die Möglichkeit, den bekannten Transaktionscode ebenfalls über die Freitextsuche ❶ (siehe Abbildung 2.4) einzugeben und die Suche auszuführen.

Wenn Sie z. B. den Transaktionscode *S_ALR_87013611* des Berichts »Kostenstellen: Ist/Plan/Abweichung« in das Suchfeld eingeben, wird die App COST CENTERS – PLAN/ACTUAL (siehe Abbildung 2.5) eingeblendet.

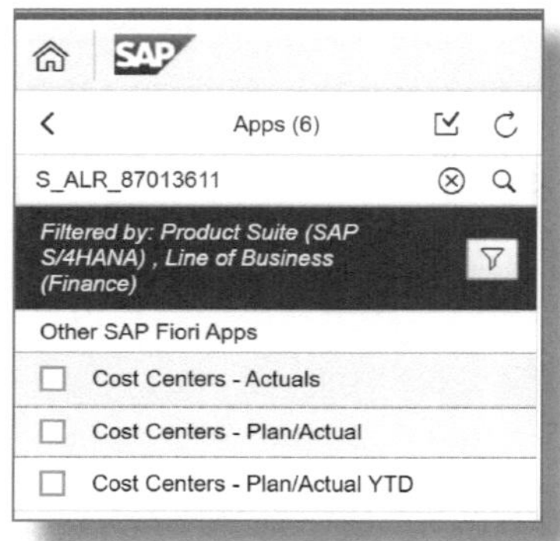

Abbildung 2.5: Suche mit Transaktionscode in der SAP Fiori Apps Reference Library

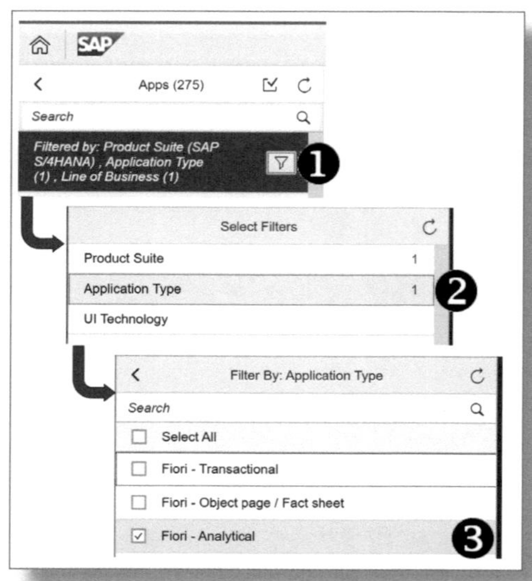

Abbildung 2.6: Verfeinern des Filters in der SAP Fiori Apps Reference Library

- *Verfeinern des Filters:* Wenn Sie sich z. B. alle analytischen Apps im Bereich Finance anzeigen lassen möchten, können Sie den Filter weiter einschränken. Wählen Sie hierfür zunächst die Drucktaste mit dem ❶ Filtersymbol (siehe Abbildung 2.6). Im sich daraufhin öffnenden Pop-up wählen Sie ❷ APPLICATION TYPE und im nächsten Schritt ❸ FIORI – ANALYTICAL. Anschließend erhalten Sie eine Auflistung aller analytischen Apps. Sie können die Ergebnisse jetzt noch einmal über die Freitextsuche weiter einschränken.

4. Details prüfen

Nachdem Sie nun eine passende App gefunden haben, können Sie sich die Details anzeigen lassen. Dazu klicken Sie einfach auf die jeweilige App in Ihrem Suchergebnis. Anschließend werden die Details zur App auf der rechten Seite des Bildes dargestellt (siehe Abbildung 2.7).

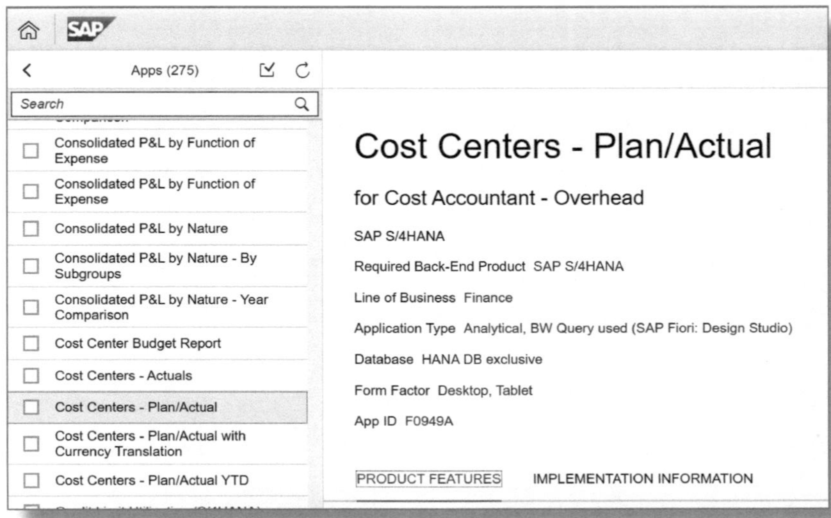

Abbildung 2.7: Details zur App »Cost Centers – Plan/Actual« in der SAP Fiori Apps Reference Library

Hier erhalten Sie alle notwendigen Informationen zum Applikationstyp (Application Type), zu den Produktfunktionen (PRODUCT FEATURES) sowie Informationen zur Implementierung (IMPLEMENTATION INFORMATION). In Abschnitt 1.2.6 habe ich Ihnen bereits erläutert, wie der Application Type zu interpretieren ist. Nachdem Sie sich über die Details zur App informiert haben, können Sie mit der Aktivierung der SAP-Fiori-App beginnen. Wie Sie dafür vorgehen, erfahren Sie in Abschnitt 2.3.

2.1.2 Einen Bericht über das SAP Help Portal finden (Alternative zur SAP Fiori Apps Reference Library)

Da die SAP Fiori Apps Reference Library nur auf Englisch verfügbar und die Suche darüber zum Teil nicht ganz einfach ist, möchte ich Ihnen einen alternativen Weg über das SAP Help Portal zeigen. Hierfür verwende ich wieder unser Beispiel des SAP-Fiori-Kostenstellenberichts.

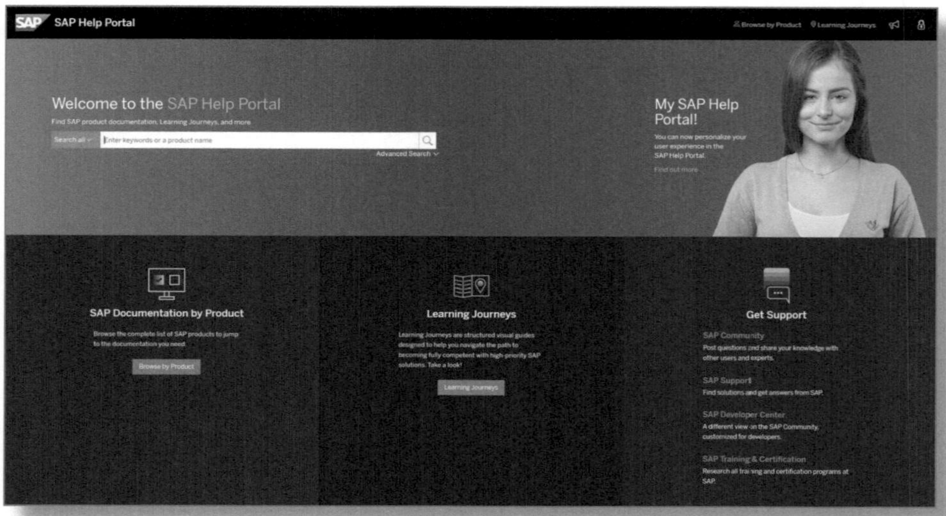

Abbildung 2.8: SAP Help Portal – Einstiegsbild

1. SAP Help Portal – Einstiegsbild

Zunächst rufen Sie das SAP Help Portal über den Link *https://help.sap.com/viewer/index* auf. Sobald sich die Seite aufgebaut hat, wählen Sie SAP PRODUCT HIERARCHY (erstes Element von links unter der Freitextsuche, Stand 30. November 2020; siehe Abbildung 2.8).

Auf der nachfolgenden Seite selektieren Sie die Kategorie ❶ ENTERPRISE MANAGEMENT, dann ❷ SAP S/4HANA und erneut ❸ SAP S/4HANA (siehe Abbildung 2.9).

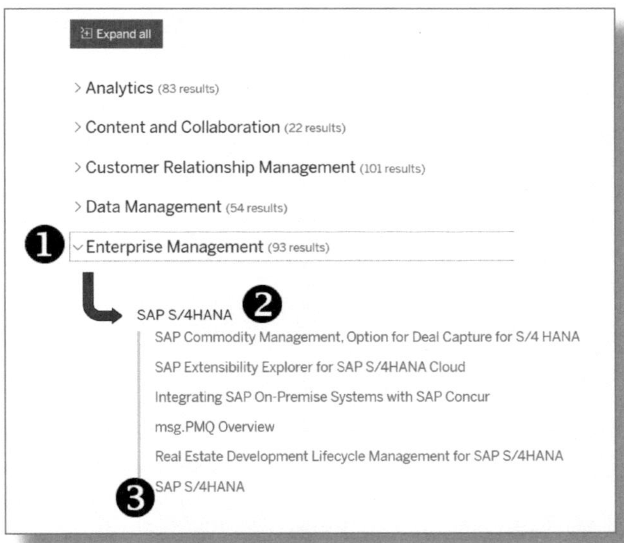

Abbildung 2.9: SAP Help Portal – SAP Product Hierarchy

2. Release-Auswahl

Nachdem Sie auf die Produktseite SAP S/4HANA gelangt sind, sollten Sie zunächst prüfen, ob das korrekte Release ausgewählt wurde. In unserem Fall suchen wir die App für SAP S/4HANA Release 1909. Falls Sie Hilfe für ein anderes Release benötigen, können Sie dieses im Dropdown-Menü für die ❶ Versionen auswählen. Anschließend können Sie unter ❷ PRODUCT ASSISTANCE das Hilfsportal für SAP S/4HANA auf DEUTSCH (GERMAN) aufrufen (siehe Abbildung 2.10).

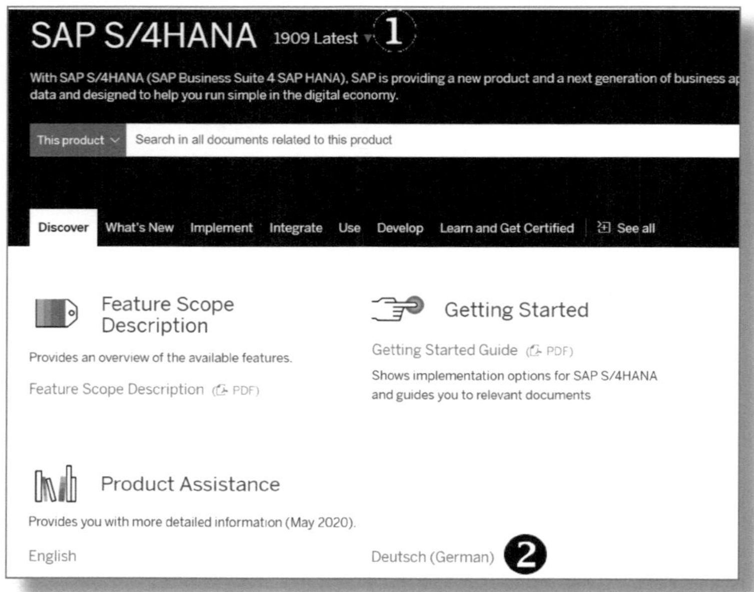

Abbildung 2.10: Produktseite von SAP S/4HANA – Release-Auswahl

3. Bereichsauswahl

Auf dem Hilfsportal angekommen, können Sie jetzt für SAP S/4HANA nach Kategorien für SAP-Fiori-Apps suchen. Für unser Beispiel suchen Sie sich ❶ Bereiche in SAP S/4HANA aus und anschließend die Option ❷ Finance. Wählen Sie dann den Link ❸ Finance (siehe Abbildung 2.11). Sie werden auf die Hilfeseite zum Thema »Finance« weitergeleitet und können nun nach entsprechenden Apps suchen.

4. Produktseite von SAP S/4HANA – Controlling

Um für unser Beispiel eine App im Controlling-Umfeld zu ermitteln, wählen Sie auf der Hilfeseite Finance die Kategorie ❶ Financial Planning and Analysis (siehe Abbildung 2.12) und anschließend ❷ Controlling. Jetzt befinden wir uns auf der Hilfsseite für das Controlling.

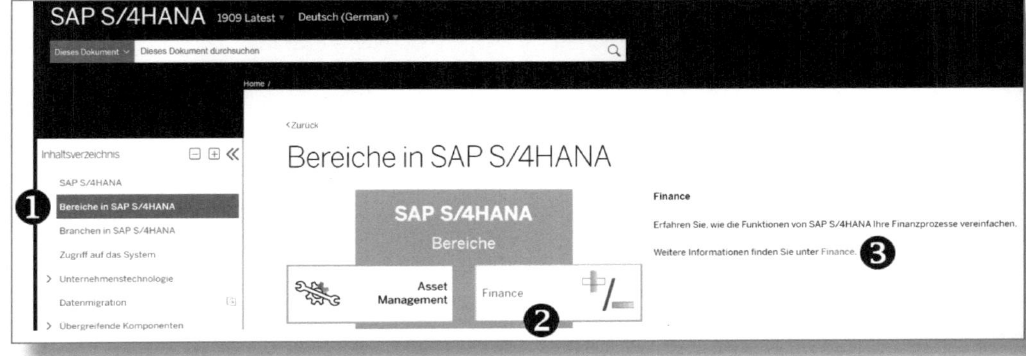

Abbildung 2.11: Produktseite von SAP S/4HANA – Bereichsauswahl

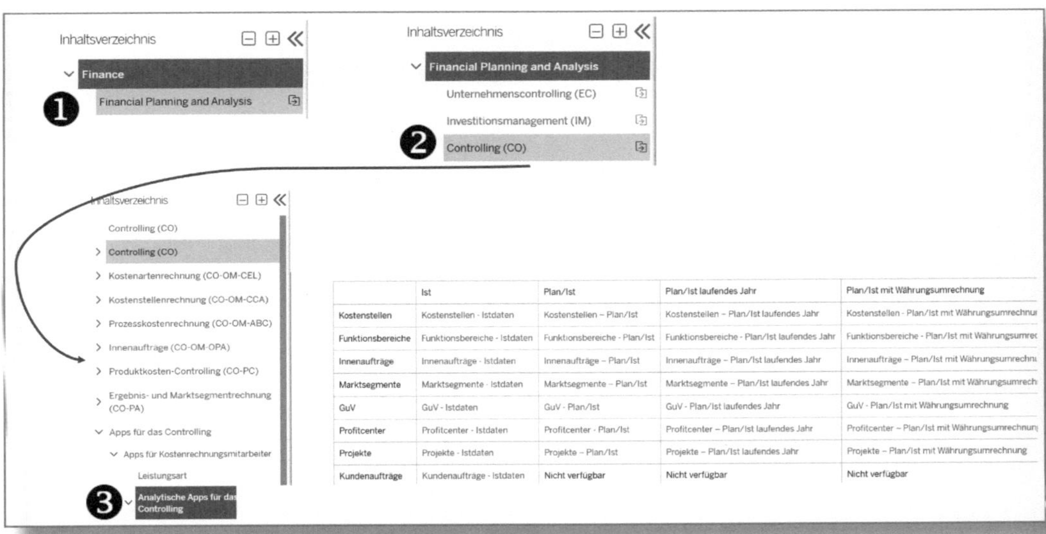

	Ist	Plan/Ist	Plan/Ist laufendes Jahr	Plan/Ist mit Währungsumrechnung
Kostenstellen	Kostenstellen - Istdaten	Kostenstellen – Plan/Ist	Kostenstellen – Plan/Ist laufendes Jahr	Kostenstellen - Plan/Ist mit Währungsumrechnu
Funktionsbereiche	Funktionsbereiche - Istdaten	Funktionsbereiche - Plan/Ist	Funktionsbereiche - Plan/Ist laufendes Jahr	Funktionsbereiche - Plan/Ist mit Währungsumrec
Innenaufträge	Innenaufträge - Istdaten	Innenaufträge – Plan/Ist	Innenaufträge – Plan/Ist laufendes Jahr	Innenaufträge – Plan/Ist mit Währungsumrechn
Marktsegmente	Marktsegmente - Istdaten	Marktsegmente – Plan/Ist	Marktsegmente – Plan/Ist laufendes Jahr	Marktsegmente – Plan/Ist mit Währungsumrech
GuV	GuV - Istdaten	GuV - Plan/Ist	GuV - Plan/Ist laufendes Jahr	GuV - Plan/Ist mit Währungsumrechnung
Profitcenter	Profitcenter - Istdaten	Profitcenter - Plan/Ist	Profitcenter – Plan/Ist laufendes Jahr	Profitcenter – Plan/Ist mit Währungsumrechnun
Projekte	Projekte - Istdaten	Projekte – Plan/Ist	Projekte – Plan/Ist laufendes Jahr	Projekte – Plan/Ist mit Währungsumrechnung
Kundenaufträge	Kundenaufträge - Istdaten	Nicht verfügbar	Nicht verfügbar	Nicht verfügbar

Abbildung 2.12: Produktseite von SAP S/4HANA – Controlling

Hier erhalten Sie alle Informationen rund um das Thema »Controlling« in SAP S/4HANA. Jede App für das Controlling ist in der Kategorie ❸ APPS FÜR DAS CONTROLLING enthalten. Hier finden Sie nun APPS FÜR KOSTENRECHNUNGSMITARBEITER oder MANAGER. Wir öffnen die Kategorie APPS FÜR KOSTENRECHNUNGSMITARBEITER und anschließend die Unterkategorie ANALYTISCHE APPS FÜR DAS CONTROLLING. Sie sind damit am Ziel. Auf dieser Seite sind alle analytischen Apps für das Controlling aufgelistet, wie in unserem Fall die App KOSTENSTELLEN – PLAN/IST. Von hier aus werden Sie für weitere Informationen automatisch zur SAP Fiori Apps Reference Library weitergeleitet.

2.2 Grundlagen zum SAP Fiori Launchpad

Um die Aktivitäten des Abschnitts 2.3 besser verständlich zu machen, möchte ich Ihnen anhand eines Schaubilds (siehe Abbildung 2.13) erläutern, wie der architektonische Aufbau einer analytischen Query in einem SAP-S/4HANA-System aussieht.

Hintergrund zu SAP-Fiori-Apps und Aktivierungshilfe

Falls Sie bis jetzt noch keine Erfahrungen mit SAP-Fiori-Apps haben, empfehle ich Ihnen, online nach Stichwörtern wie z. B. »How to activate a SAP Fiori App« oder »SAP-Fiori-App aktivieren« zu suchen. Es gibt hierzu mittlerweile unzählige Blogs oder andere Anleitungen, die Ihnen helfen werden, SAP-Fiori-Apps auch unabhängig von diesem Buch zu aktivieren. Darüber hinaus empfehle ich Ihnen »First Steps in SAP Fiori« (Barua, Espresso Tutorials, 2017).

Wie in Abschnitt 1.2.6 beschrieben, benutzt SAP für Standardberichte, die über eine SAP-Fiori-App ❺ konsumiert werden, BEx Queries ❶. Das SAP Fiori Launchpad greift dazu über HTTP ❷ und ICF-Knoten (siehe Hinweiskasten zu ICF-Knoten) auf die SAPUI5-Applikation *FIN_DS_ANALYZE* zu, mit der Sie mehrdimensionale SAP-Fiori-Berichte auf der Basis von analytischen Queries (ABAP-CDS-View oder BEx Query) anzeigen oder konsumieren. Die dafür notwendige Zielzuordnung (siehe Abschnitt 1.2.6) ist in der Kachelkonfiguration hinterlegt. SAP-Fiori-Kacheln werden in SAP-Fiori-Katalogen ❸ gespeichert. Das Pendant dazu wäre ein ABAP-Entwicklungspaket, das z. B. verschiedene Programme enthält. SAP-Fiori-Kacheln fassen Sie in Gruppen ❹ zusammen. Gruppen bedienen sich aus Katalogen; aus einem Katalog wiederum können sich beliebig viele Gruppen bedienen.

ICF-Knoten

Internet Communication Framework – eine auf Interfaces und Klassen basierende Programmierschnittstelle (Application Programming Interface, API) für die Kommunikation von ABAP-Programmen mit dem Internet von SAP.

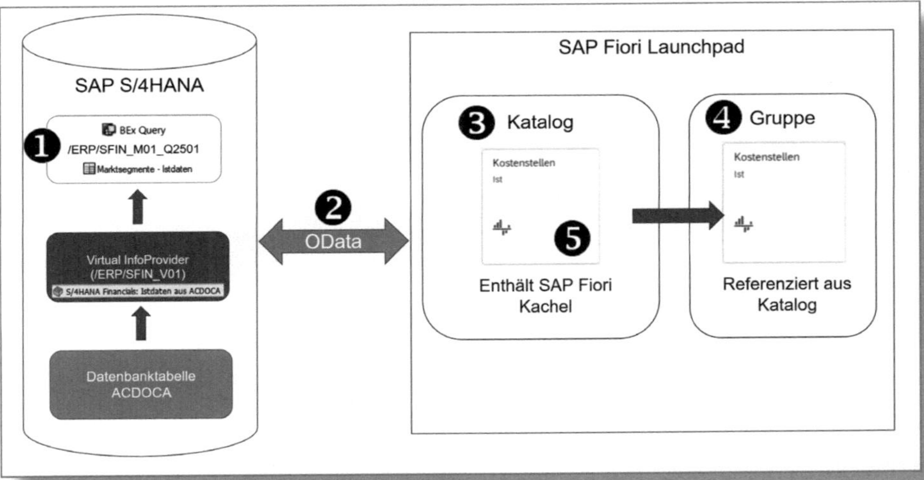

Abbildung 2.13: SAP-Fiori-Launchpad-Architektur – Tabelle ACDOCA bis SAP-Fiori-Kachel

Konfigurationshinweise der SAP zu mehrdimensionalem SAP-Fiori-Reporting in SAP S/4HANA

Der SAP-Hinweis 2623507, »Mehrdimensionales SAP-Fiori-Reporting in SAP S/4HANA, On-Premise-Edition mithilfe benutzerdefinierter analytischer Query«, beschreibt im Detail, wie Apps zu konfigurieren sind, die im Hintergrund eine ABAP-CDS-View oder eine BEx Query aufrufen.

2.3 Query aktivieren oder kopieren, SAP-Fiori-App konfigurieren, Berechtigung für SAP-Fiori-App (Katalog/Gruppe) einrichten

Nachdem Sie die passende App gefunden haben, müssen Sie diese aktivieren. Ich möchte Ihnen nun anhand des Kostenstellenberichts die dafür notwendigen Aufgaben Schritt für Schritt erläutern.

An dieser Stelle möchte ich noch einmal darauf hinweisen, dass Sie die nachfolgenden Schritte nur ausführen können, wenn Embedded Analytics in Ihrem SAP-S/4HANA-System aktiviert ist. Darüber hinaus müssen Sie darauf achten, dass Sie die Schritte in dem SAP-S/4HANA-Mandanten ausführen, der als BW-Mandant deklariert wurde. Erkundigen Sie sich hierzu am besten bei Ihren SAP-Basis-Kollegen.

Notwendige Aktivierung von Embedded Analytics

Der Hinweis 2289865, »Configuration steps for SAP S/4HANA Analytics«, beschreibt die notwendigen Schritte, um Analytics in SAP S/4HANA On-Premises einzusetzen. Da sich diese Schritte hauptsächlich auf den Bereich SAP Basis beziehen, empfehle ich Ihnen, diesen Hinweis durch Ihre Kollegen der SAP Basis einspielen zu lassen.

1. Query installieren

In Abschnitt 2.1 habe ich Ihnen erläutert, wie Sie einen gewünschten Bericht und die jeweilige Query finden. An dieser Stelle noch einmal zur Wiederholung: Den technischen Namen einer Query zu einem SAP-Fiori-Bericht finden Sie unter IMPLEMENTATION INFORMATION in der SAP Fiori Apps Reference Library (siehe Abschnitt 1.2.6). In unserem Fall lautet der Name der gesuchten Query /ERP/SFIN_V01_Q2001 (siehe Abbildung 2.14). Den Namen der technischen Query benötigen wir jetzt, um diese aus dem Standardcontent zu kopieren und zu installieren.

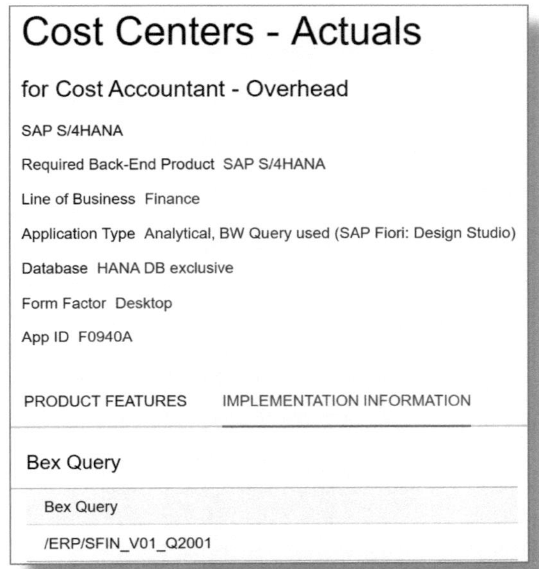

Abbildung 2.14: Cost Center – Actuals Query

Nachdem Sie sich den Namen der technischen Query notiert oder in den Zwischenspeicher kopiert haben, rufen Sie die *Data Warehousing Workbench(DWB)* mithilfe der Transaktion RSOR in Ihrem SAP-S/4HANA-System auf. Normalerweise sollte die Transaktion standardmäßig den BI-Content anzeigen, wenn nicht, wählen Sie diesen über die ❶ OBJEKTTYPEN aus (siehe Abbildung 2.15). Anschließend navigieren Sie zu ❷ QUERY-ELEMENTE • QUERY und selektieren ❸ OBJEKTE AUSWÄHLEN. Danach öffnet sich ein ❹ neues Fenster, in dem Sie nach der Query /ERP/SFIN_V01_Q2001 suchen können.

Wenn Sie die Query gefunden haben, markieren Sie die entsprechende Zeile und bestätigen dies mit dem Button AUSWAHL ÜBERNEHMEN. Die Query wird nun aus dem Standardcontent geladen und kann installiert werden.

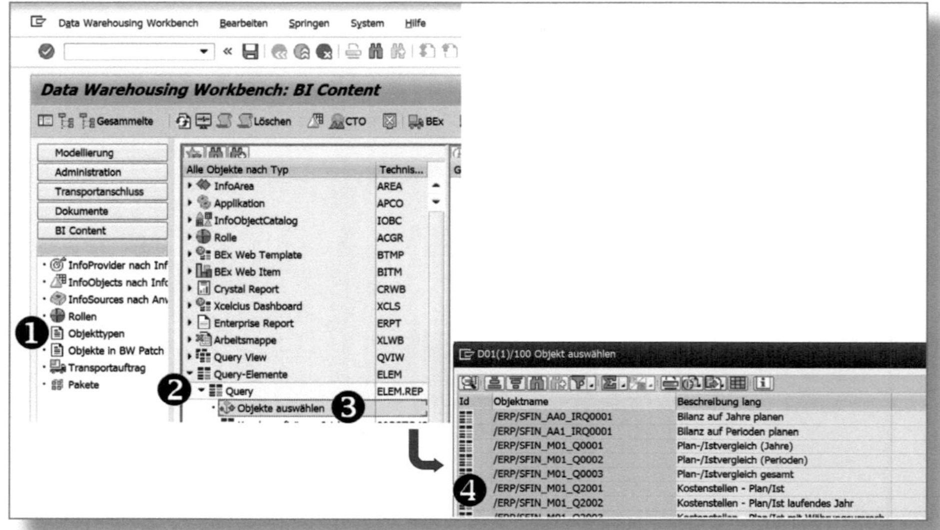

Abbildung 2.15: Data Warehousing Workbench – Query auswählen

Zur Installation der Query müssen Sie im rechten Bereich der Data Warehousing Workbench DWB (siehe Abbildung 2.16) die ❶ QUERY und alle notwendigen Objekte auswählen, in diesem Beispiel ❷ QUERYELEMENT und MULTIPROVIDER. Anschließend können Sie die Installation starten, indem Sie den Button ❸ INSTALLIEREN und im Folgeschritt erneut ❹ INSTALLIEREN klicken.

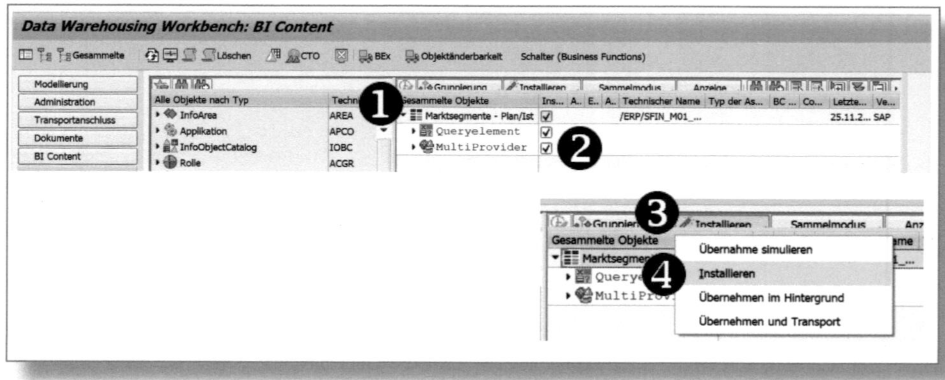

Abbildung 2.16: Data Warehousing Workbench – Installation der Query

Neben der direkten Installation ist es auch möglich, die Übernahme zu simulieren (ÜBERNAHME SIMULIEREN), was ich im ersten Schritt auch empfehle, da es vorkommen kann, dass bestimmte DataSources für die Query noch nicht aktiviert sind. Sollte dies der Fall sein, wird in der Regel ein ABAP-*Laufzeitfehler* (CL_FCOM_IP_HRY_READER_======CP) ausgelöst (siehe Abbildung 2.17), der beschreibt, dass ggf. die DataSource fehlt und somit nicht aktiviert worden ist.

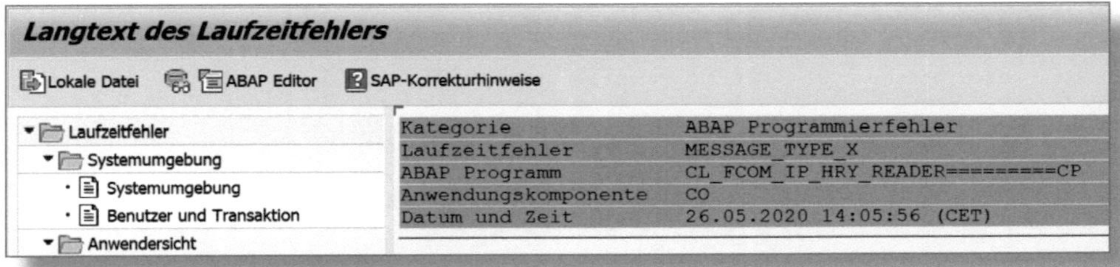

Abbildung 2.17: Laufzeitfehler bei Query-Aktivierung nach Query-Installation in Transaktion RSOR

Hinweis zum ABAP-Laufzeitfehler CL_FCOM_IP_HRY_READER

Der Hinweis 2916296, »ABAP Dump MESSAGE_TYPE_X at CL_FCOM_IP_HRY_READER during activation«, beschreibt die erforderlichen Schritte zur Analyse eines Dumps der Query-Aktivierung sehr detailliert.

2. Nachträgliche Aktivierung

Die nachträgliche Aktivierung der Query können Sie mit der Transaktion *RSA5* vornehmen. Dazu rufen Sie diese auf und ❶ EXPANDIEREN zunächst alle Hierarchieknoten. Anschließend können Sie nach einer ❷ DataSource suchen (siehe Abbildung 2.18). Sobald Sie die fehlende DataSource gefunden haben, ❸ MARKIEREN Sie diese und führen die Aktivierung mit dem Button ❹ DATASOURCES AKTIVEREN aus. Sobald alle notwendigen DataSources aktiv sind, sollte die Installation der Query erfolgreich verlaufen. Jetzt können Sie mit dem nächsten Schritt fortfahren.

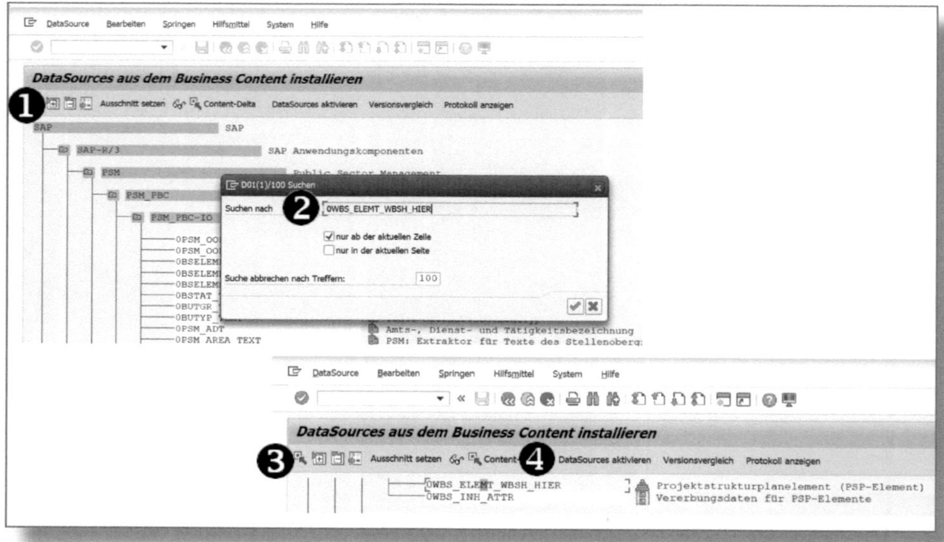

Abbildung 2.18: DataSources aus dem Business Content installieren

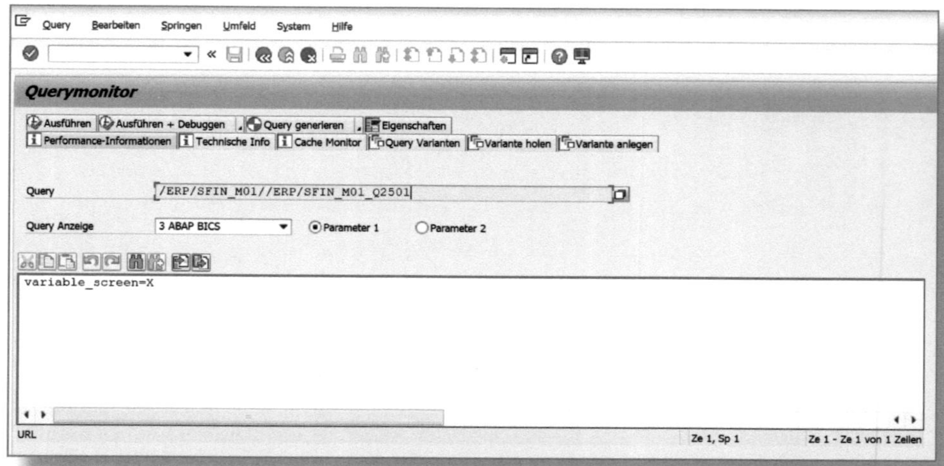

Abbildung 2.19: Query-Monitor – Transaktion RSRT

3. Query testen

Bevor wir uns dem nächsten Schritt widmen, ist es empfehlenswert, die Query mit dem Query-Monitor zu testen. Rufen Sie dazu die Transaktion *RSRT* auf und geben Sie den technischen Query-Namen ein. Mit dem Button Ausführen starten Sie die Query (siehe Abbildung 2.19).

Im nächsten Fenster können Sie nun über Standardselektionsparameter wie z. B. Kostenrechnungskreis, Geschäftsjahr oder Periode die Auswahl verfeinern und die Query ausführen. Wenn die Query nicht gefunden oder ausgeführt werden kann, ist bei der Installation ein Fehler unterlaufen. In diesem Fall müssen Sie prüfen, ob alle DataSources aktiv sind oder bestimmte Benutzerparameter fehlen. Mögliche Fehler werden Ihnen nach dem Ausführen der Query angezeigt.

4. SAP-Fiori-App konfigurieren

Nach erfolgreichem Test ist es notwendig, die Konfiguration für die App »Kostenstellen – Plan/Ist« unseres Beispiels durchzuführen. Die einzelnen Konfigurationsschritte finden Sie unter IMPLEMENTATION INFORMATION in der SAP Fiori Apps Reference Library (siehe Abschnitt 1.2.6). Wie in Abschnitt 2.2 beschrieben, wird für die Darstellung von BEx Queries die SAPUI5-Applikation *FIN_DS_ANALYZE* verwendet. Diese App ist mit der Auslieferung eines SAP-S/4HANA-Systems standardmäßig aktiv (siehe Hinweis »Konfigurationshinweise der SAP zu Mehrdimensionales SAP-Fiori-Reporting in SAP S/4HANA«); jedoch sollten Sie prüfen, ob der jeweilige ICF-Knoten aktiv ist. Diesen finden Sie ebenfalls in der IMPLEMENTATION INFORMATION unter der Kategorie SAPUI5 Application, in unserem Beispiel */sap/bc/ui5_ui5/sap/FIN_DS_ANALYZE* (siehe Abbildung 2.20). Um zu prüfen, ob der Knoten aktiv ist, rufen Sie die Transaktion *SICF* auf und kopieren in das Feld ❶ Service-Pfad den Pfad aus den IMPLEMENTATION INFORMATION der SAP Fiori Apps Reference Library, in unserem Fall */sap/bc/ui5_ui5/sap/FIN_DS_ANALYZE*. Nach dem Ausführen können Sie durch einen Doppelklick auf den ❷ Service *fin_ds_analyze* sehen, ob der ❸ Pfad aktiviert worden ist (siehe Abbildung 2.21).

SAPUI5 Application

The ICF nodes for the following SAPUI5 application must be activated on the front-end server:

Component	Technical Name	Path to ICF Node	SAP UI5 Component
SAP UI5 Application	FIN_DS_ANALYZE	/sap/bc/ui5_ui5/sap/FIN_DS_ANALYZE	fin.acc.query.analyze
	FIN_DS_ANALYZE *	/sap/bc/ui5_ui5/sap/fin_ds_analyze	

* Added automatically due to dependencies

Abbildung 2.20: ICF-Knoten zur SAPUI5-App »FIN_DS_ANALYZE« in der SAP Fiori Apps Reference Library

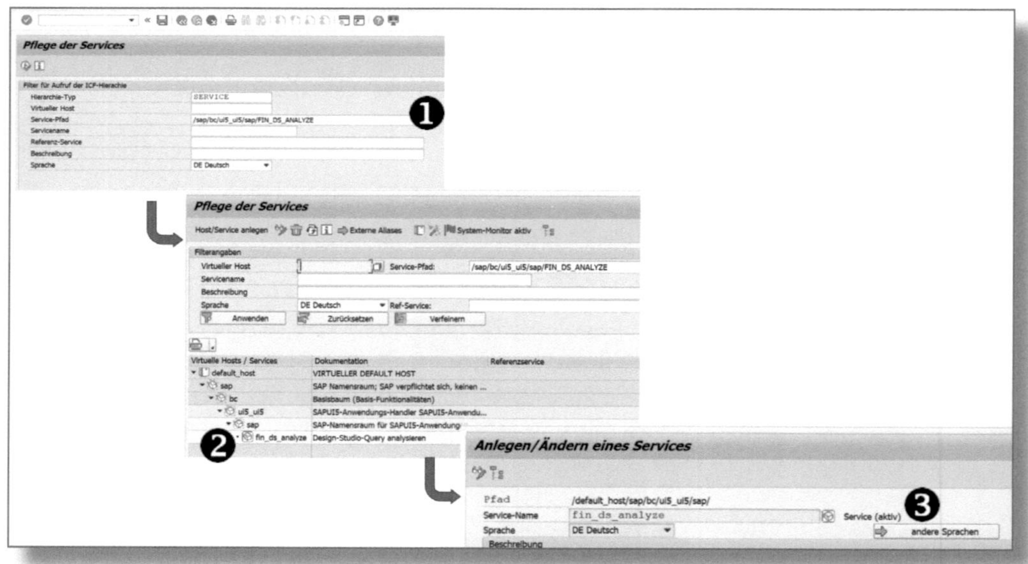

Abbildung 2.21: ICF-Knoten in Transaktion SICF suchen und prüfen

5. SAP Fiori Launchpad konfigurieren

Im letzten Schritt müssen wir die Konfiguration der App im SAP Fiori Launchpad überprüfen. Dazu rufen Sie den SAP Fiori Launchpad Designer mit der Transaktion */ui2/flpd_cust* oder alternativ im Customizing über den Pfad SPRO • SAP NETWEAVER • UI-TECHNOLOGIEN • SAP FIORI • LAUNCHPAD-CONTENT KONFIGURIEREN • APPS ZU SAP FIORI LAUNCHPAD HINZUFÜGEN • ZIEL-MAPPINGS UND KACHELN KON-

FIGURIEREN • SAP FIORI LAUNCHPAD DESIGNER (AKTUELLER MANDANT) auf. Anschließend öffnet sich der SAP Launchpad Designer im Browser. Jetzt müssen Sie den SAP-Standardkatalog suchen, der die App »Kostenstellen – Plan/Ist« unseres Beispiels enthält. Den technischen Namen des Katalogs bietet wieder die SAP Fiori Apps Reference Library in der IMPLEMENTATION INFORMATION unter der Kategorie BUSINESS CATALOG(S), für unsere App *SAP_SFIN_BC_OH_REP_CCA*. Neben dem Namen des Katalogs finden Sie dort auch alle notwendigen Einstellungen der Zielzuordnung in der Kategorie TARGET MAPPING(S). Außerdem wird Ihnen neben den Standardparametern, wie z. B. COMPANYCODE oder CONTROLLINGAREA, auch der Parameter XQUERY angezeigt, der bestimmt, welche Query aufgerufen wird: in unserem Fall die Query */ERP/SFIN_V01_Q2001*.

Um die Konfiguration in Ihrem System zu prüfen oder ggf. anzupassen, suchen Sie nach dem Katalog im ❶ SAP Fiori Launchpad Designer, markieren die App ❷ COSTCENTER ANALYZEPLANACTUAL und rufen anschließend die ❸ ZIELZUORDNUNG auf (siehe Abbildung 2.22).

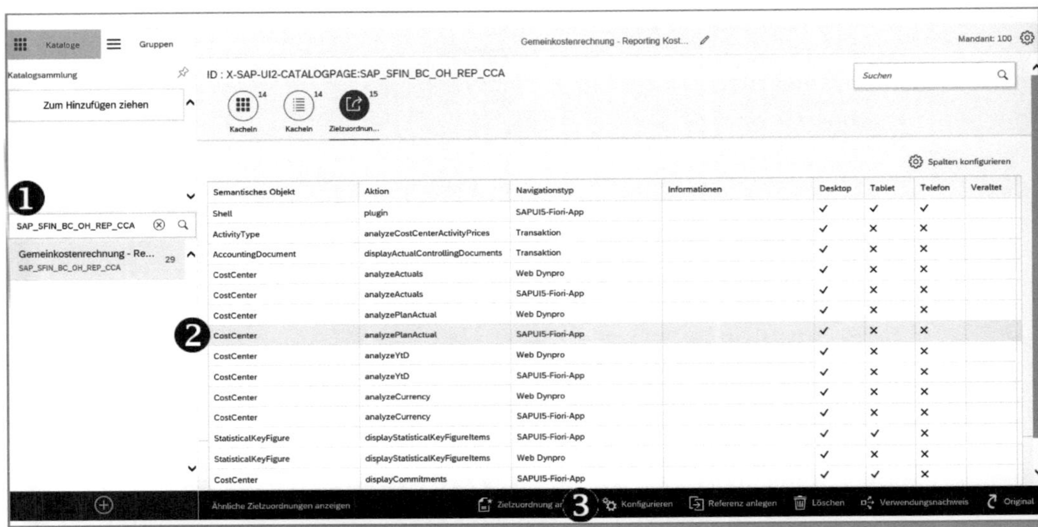

Abbildung 2.22: SAP Fiori Launchpad Designer – Katalog und Zielzuordnung finden und konfigurieren

Hier können Sie jetzt die Einstellungen mit denen der SAP Fiori Apps Reference Library abgleichen. Darüber hinaus sehen Sie im Feld URL, dass die zuvor genannte SAPUI5-Applikation *FIN_DS_ANALYZE* mit den Parametern der Zielzuordnung aufgerufen wird (siehe Abbildung 2.23).

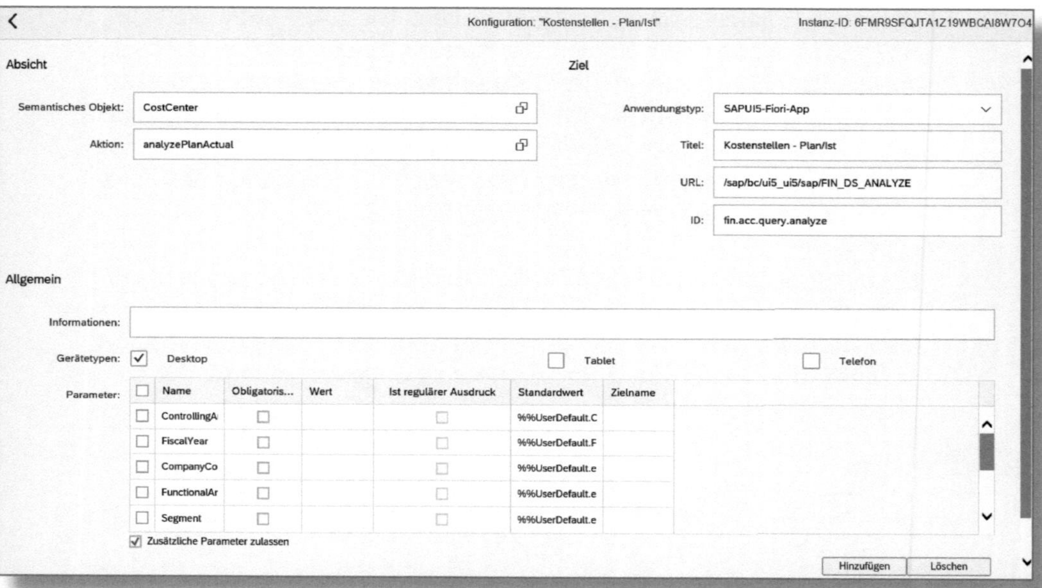

Abbildung 2.23: SAP Fiori Launchpad Designer – Konfiguration der Zielzuordnung

6. SAP-Fiori-App aufrufen

Nach beendeter Konfiguration der Query und der SAP-Fiori-App können Sie die App aufrufen. Dazu müssen Sie Ihrem User in der Transaktion *SU01* die Standardrolle *SAP_BR_OVERHEAD_ACCOUNTANT* aus den IMPLEMENTATION INFORMATION der SAP Fiori Apps Reference Library zuordnen. Diese finden Sie in der Kategorie BUSINESS ROLE(S). Wenn Sie jetzt Ihr SAP Fiori Launchpad öffnen, finden Sie die App »Kostenstellen – Plan/Ist« in der Gruppe REPORTING (siehe Abbildung 2.24). Natürlich können Sie einen kundeneigenen Katalog oder eine kundeneigene Gruppe erstellen und diesem bzw. dieser eine kundeneigene Rolle hinzufügen.

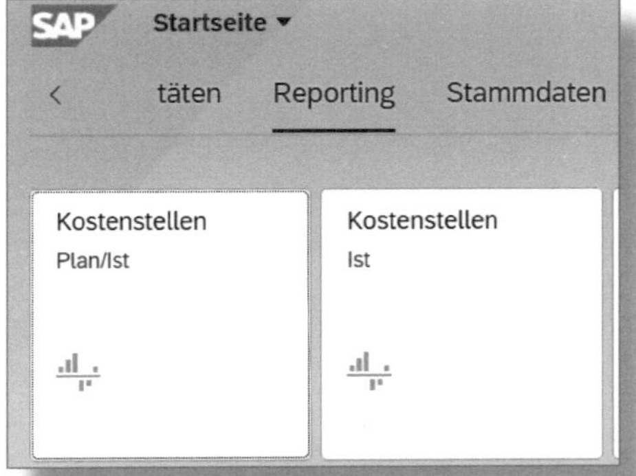

Abbildung 2.24: SAP Fiori Launchpad – App »Kostenstellen Plan/Ist«

3 Anwenderspezifische Berichte – benutzerdefinierte analytische Abfragen (Custom Analytical Queries) – die Key User Tools

In Kapitel 2 habe ich Ihnen vorgestellt, wie Sie einen Standardbericht von SAP finden und diesen anschließend in Ihrem System aktivieren und nutzen können. In diesem Kapitel möchte ich Ihnen zeigen, wie Sie schnell und einfach eigene Berichte mittels »benutzerdefinierter analytischer Abfragen« (Custom Analytical Queries) erstellen können.

3.1 Grundlagen

Bei benutzerdefinierten analytischen Abfragen handelt es sich um spezifische Abfragen, die mithilfe von SAP-Fiori-Apps erstellt werden und auf existierenden CDS-Views aufsetzen. Diese Abfragen sind ein Pendant zu den bekannten QuickViews von SAP ECC (Transaktion *SQVI*) und geben dem Anwender die Möglichkeit, schnell und einfach eigene Berichte zu verfassen.

In Kapitel 2 haben Sie gesehen, dass dem Anwender in SAP S/4HANA viele Standardberichte zur Verfügung stehen. Dabei handelt es sich um eine Best Practice von SAP, die teilweise sehr umfangreich ist. In der Praxis jedoch benötigen viele Anwender häufig spezifische Berichte von geringerem Umfang oder mit individuell berechneten Spalten, die ihren eigenen Anforderungen entsprechen. Genau aus diesem Grund gibt es die Option, dass sich der Anwender schnell und einfach eigene, benutzerdefinierte Berichte »zusammenklicken« und diese als SAP-Fiori-App auf der Startseite speichern kann.

Bevor wir zum praktischen Teil übergehen, möchte ich Ihnen zunächst die Grundlagen vermitteln. In Abbildung 3.1 habe ich Ihnen die Architektur exemplarisch skizziert. Wie bereits erwähnt, basieren benutzerspezifische Berichte auf ❶ CDS-Views. Als Grundlage für die Berichte können Standard-Views von SAP oder eigens entwickelte Views dienen. Der Zugriff auf die CDS-Views wird mit OData über eine SAPUI5-Applikation realisiert ❷. Für die Erstellung der Berichte wird hierbei die SAPUI5-Applikation »ANA_QDESIGN_MAN« via OData aufgerufen. Ein spezifischer Bericht wird mit der SAP-Fiori-App ❸»Benutzerdefinierte analytische Abfragen« (SAP Fiori Apps Reference Library, App-ID »F1572 – Custom Analytical Queries«) direkt im SAP Fiori Launchpad erstellt. Anschließend legen Sie den Bericht als ❹ SAP-Fiori-Kachel auf der Startseite ab. Der freigegebene Bericht wird technisch mit der bereits vorgestellten SAPUI5-Applikation »FIN_DS_ANALYZE« für mehrdimensionale Berichte aus Abschnitt 2.2 konsumiert.

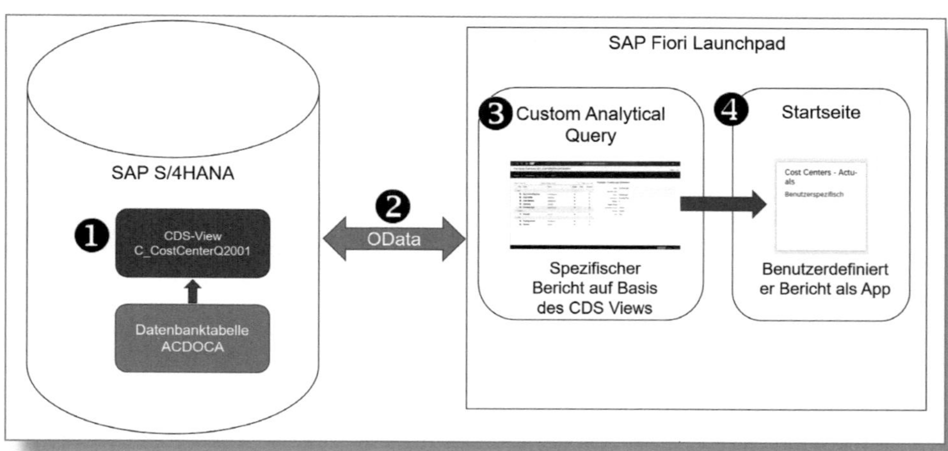

Abbildung 3.1: Custom Analytical Queries – CDS-View, SAP Fiori Launchpad

Notwendige Basiskonfiguration für benutzerdefinierte analytische Abfragen (Custom Analytical Queries)

Falls Sie die App in Ihrem System aufrufen und die Fehlermeldung »Not able to load the query name prefix or the package name. Adaptation Transport Organizer (ATO) is not configured for this system«

erhalten, bitten Sie Ihre SAP-Basis-Kollegen, die Schritte aus Hinweis 2919095, »Fiori Custom Analytical Queries: Adaptation Transport Organizer (ATO) is not configured for this system«, auszuführen.

3.2 Wie finde ich eine passende CDS-View?

Mit einem standardmäßigen SAP-S/4HANA-System werden tausende CDS-Views (Stand 06/2020, S/4HANA 1909: über 42.000 CDS-Views) ausgeliefert, die über verschiedenste Assoziationen miteinander verlinkt sind.

Wie Sie sich vorstellen können, ist es nicht ganz einfach, aus tausenden CDS-Views eine passende für einen benutzerdefinierten Bericht zu finden. Deshalb möchte ich Ihnen in diesem Abschnitt mehrere Wege aufzeigen, wie Sie dies schnell und effizient bewerkstelligen können.

3.2.1 CDS-View-Suche mittels SAP-Fiori-App »View-Browser«

SAP hat erkannt, dass die Suche nach CDS-Views sehr mühsam sein kann. Aus diesem Grund hat die SAP zur Ermittlung von Views die SAP-Fiori-App »View-Browser« (SAP Fiori Apps Reference Library, App-ID »F2170 – View Browser«) erstellt.

Ich möchte Ihnen wieder anhand unseres vorherigen Beispiels, dem Bericht »Kostenstellen – Plan/Ist«, zeigen, wie Sie die dazugehörige CDS-View finden. Hierzu vorab eine kurze Anmerkung: In Kapitel 2 haben Sie gesehen, dass die SAP-Fiori-App »Kostenstellen – Plan/Ist« mittels virtuellem InfoProvider über SAP HANA Calculation Views die Daten von der Datenbank abruft. Für diese standardmäßige SAP-Fiori-App wird keine CDS-View verwendet. Für diese standardmäßige SAP-Fiori-App wird für solche Fälle keine CDS-View verwendet. Allerdings hat die SAP für solche Fälle eine CDS-View als Pendant angelegt. Die zueinander gehörenden CDS-Views und Queries sind über ein Präfix im Namen identifizierbar. Das Präfix beginnt immer mit »Q«, beispielsweise ruft die SAP-Fiori-App »Kostenstellen – Plan/Ist« die Query */ERP/SFIN_V01_Q2001* (siehe Abschnitt 2.3) auf. Im Namen der Query ist das Kürzel »Q2001« hinterlegt. Genau dieses Kürzel ist in den CDS-Views für Kostenstellen ebenfalls angegeben, wie z. B. in der Consumption-View »Kostenstellen – Ist/Plan«, C_CostCenterPlanActQ2001. Darum kann ich Ihnen auch an diesem Beispiel zeigen, wie Sie die passende CDS-View ermitteln.

Zunächst müssen Sie die SAP-Fiori-App ❶ »View-Browser« über das SAP Fiori Launchpad aufrufen (siehe Abbildung 3.2). Ihr Benutzer benötigt hierzu entweder die SAP-Best-Practice-Rolle *SAP_BR_ANALYTICS_SPECIALIST* oder eine kundeneigene Rolle mit Zugriff auf den SAP-Fiori-Katalog *SAP_CA_BC_ANA_AQD* und die Gruppe *SAP_CA_BCG_ANA_AQD* (siehe IMPLEMENTATION INFORMATION der SAP-Fiori-App »View Browser« in der SAP Fiori Apps Reference Library).

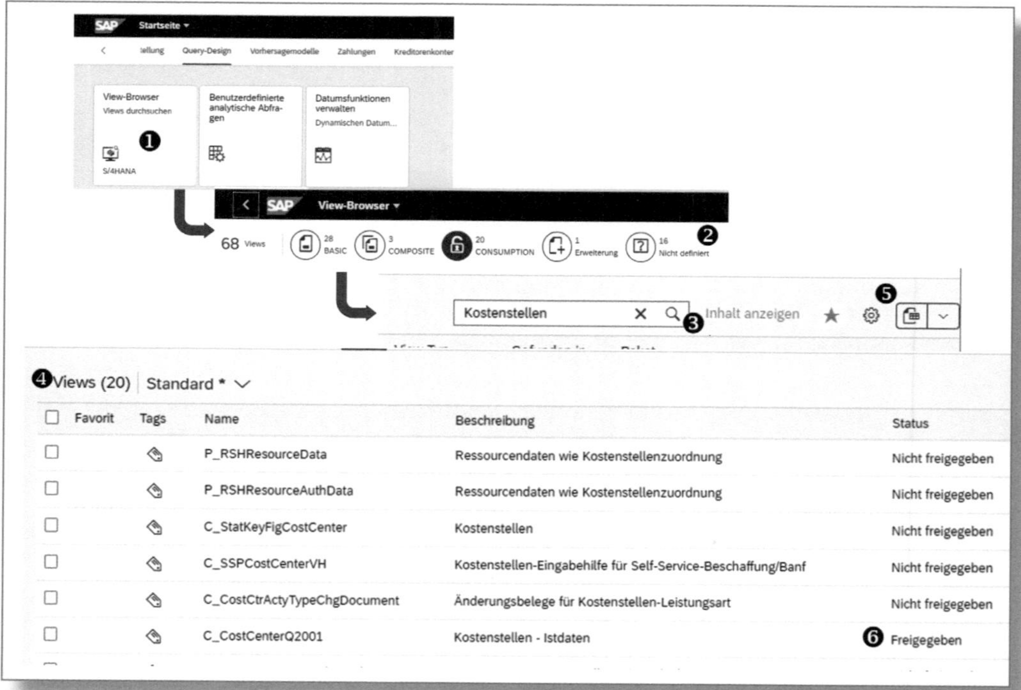

Abbildung 3.2: View-Browser – Suche und Überblick

Nachdem sich die App geöffnet hat, sehen Sie zunächst ungefiltert alle CDS-Views, die zur Verfügung stehen. Darüber hinaus wird Ihnen angezeigt, um welche Art von View es sich handelt BASIC, COMPOSITE, CONSUMPTION, ERWEITERUNG oder NICHT DEFINIERT (siehe Abschnitt 1.2). Für benutzerdefinierte Berichte sind in der Regel Consumption-Views die richtige Wahl, da diese konsolidierte Daten mehrerer Views wiedergeben.

Für unser Beispiel können Sie jetzt über die ❸ Suche z. B. *Kostenstellen* ermitteln. Anschließend werden Ihnen in der ❹ Übersicht alle Views angezeigt, die das Schlagwort »Kostenstellen« im Namen oder in der Beschreibung enthalten. Neben Namen und Beschreibung finden Sie hier weitere Informationen, wie z. B. STATUS, ANWENDUNGSKOMPONENTE oder ENTWICKLUNGSPAKET. (Falls eine Spalte fehlt, können Sie sie über die ❺ Einstellungen dem Layout hinzufügen.) Diese Informationen sind hilfreich, wenn Sie z. B. in der Transaktion *SE80* oder in Eclipse alle CDS-Views des Entwicklungspakets sehen möchten. Der Status ❻ FREIGEGEBEN gibt an, dass sich diese View nicht mehr in Entwicklung befindet.

Falls Sie, wie in unserem Beispiel, die SAP-Fiori-App und aufgerufene Query bereits kennen, können Sie alternativ auch direkt nach dem zuvor beschrieben Präfix suchen, wie z. B. ❶ *Q2001*. So werden Ihnen direkt die Views angezeigt ❷, die dieses Präfix enthalten, in unserem Beispiel die beiden Consumption-Views, KOSTENSTELLEN – ISTDATEN und KOSTENSTELLE – IST/PLAN (siehe Abbildung 3.3).

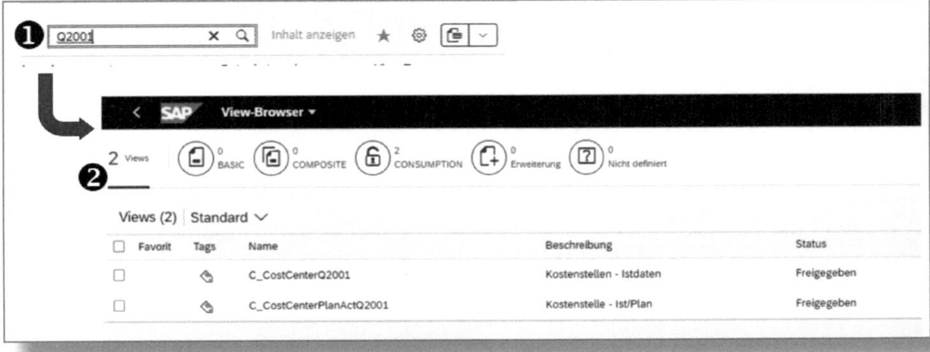

Abbildung 3.3: View-Browser – Suche nach View »Q2001«

Per Doppelklick auf eine View können Sie sich deren Details anzeigen lassen. Hier finden Sie alle DEFINITIONEN ❶ (Felder) und ANNOTATIONEN, die CDS-Views mit Metadaten anreichern, z. B. mit dem technischen Namen (SQLVIEWNAME), mit dem die View in der Transaktion *SE11* angezeigt werden kann (siehe Abschnitt 5.2.2). Unter QUERVERWEIS werden Ihnen alle weiteren CDS-Views bereitgestellt, die eingesetzt werden oder aus denen Informationen verknüpft werden. In unserem Fall werden die Daten der CDS-View I_ACTUALPLANJRNLENTRYITEMCUBE ❷ verwendet (siehe Abbildung 3.4).

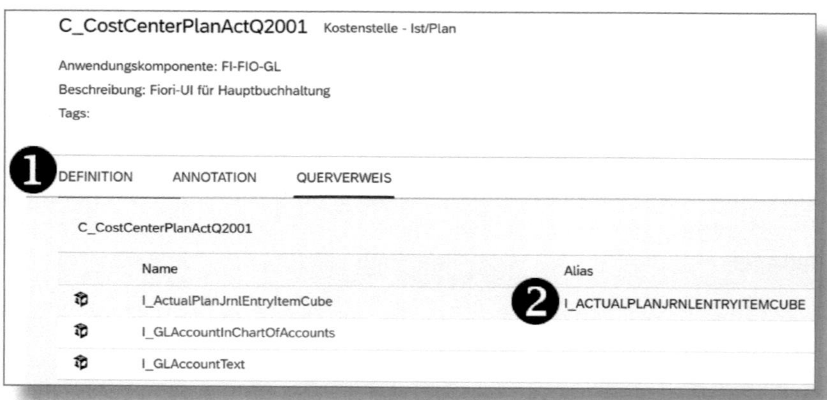

Abbildung 3.4: View-Browser – Details zur CDS-View »C_CostCenterQ2001«

3.2.2 CDS-View-Suche mittels SAP Fiori Apps Reference Library

In der SAP Fiori Apps Reference Library gibt es einen kleinen Trick, mit dem Sie sich zu einigen analytischen SAP-Fiori-Apps die dazugehörigen CDS-Views ebenfalls direkt anzeigen lassen können, wenn die jeweilige App eine CDS-View nutzt. Nachfolgend möchte Ihnen dies am Beispiel der SAP-S/4HANA-Apps für CDS-Views der Kategorie »Finance« vorstellen.

Rufen Sie hierfür zunächst die SAP Fiori Apps Reference Library in Ihrem Browser auf und filtern Sie alle SAP-S/4HANA-Apps der Kategorie »Finance« (siehe Abschnitt 2.1.1). In der sich öffnenden Übersicht aller Finance-Apps haben Sie im unteren Bildschirmbereich die Möglichkeit, die Darstellung auf ❶ List View (Listenansicht) umzustellen (siehe Abbildung 3.5).

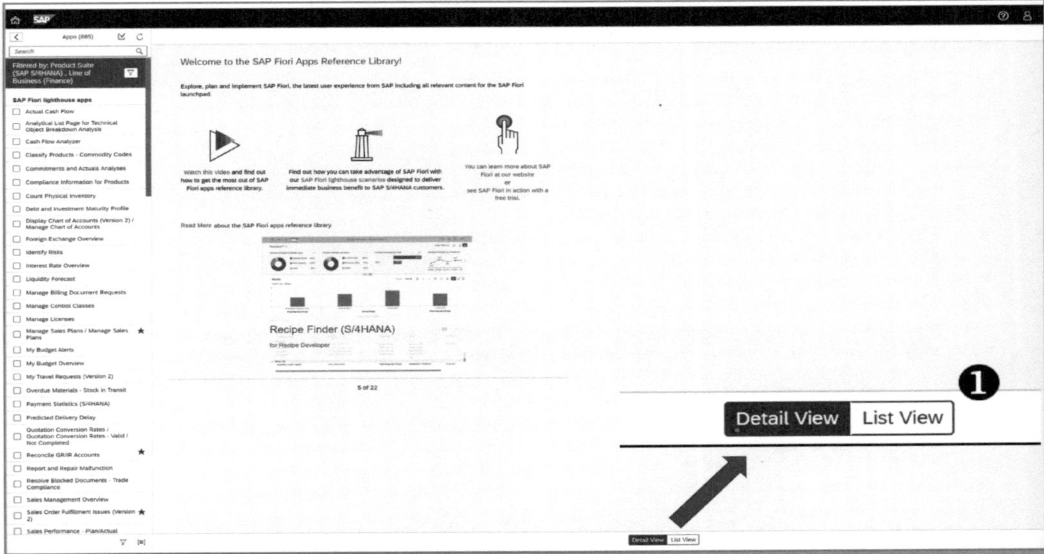

Abbildung 3.5: SAP Fiori Apps Reference Library – Listenansicht

Jetzt baut sich eine neue Ansicht auf, in der Sie mehrere Filtermöglichkeiten haben. Um die Suche übersichtlicher zu gestalten, filtern wir noch nach allen analytischen Apps. Dazu können Sie über ❶ Application Type die Typen ❷ Fiori – Analytical und BW Query used selektieren (siehe Abbildung 3.6).

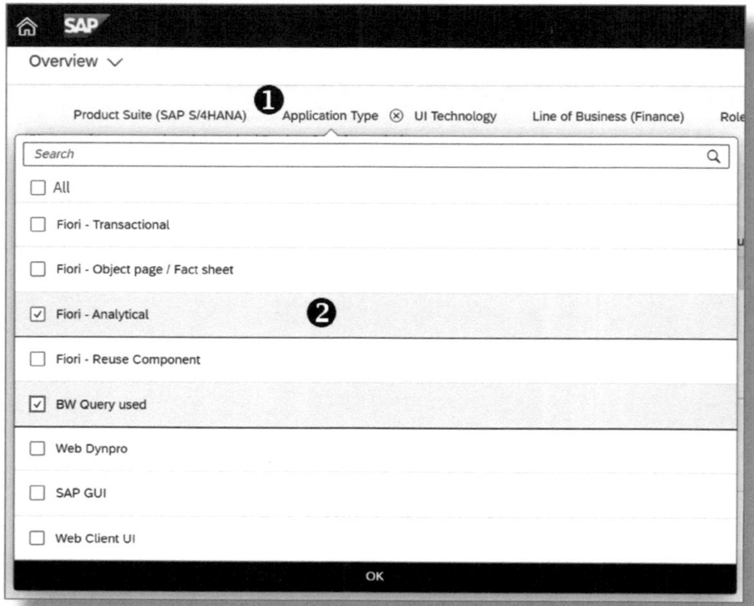

Abbildung 3.6: SAP Fiori Apps Reference Library – Listenansicht nach Application Type

Um die CDS-Views zu identifizieren, muss das Standardlayout angepasst werden. Markieren Sie hierzu über die ❶ Einstellungen die Spalte ❷ ODATA SERVICE(S). Letztere zeigt Ihnen alle verwendeten OData-Services und CDS-Views an (siehe Abbildung 3.7).

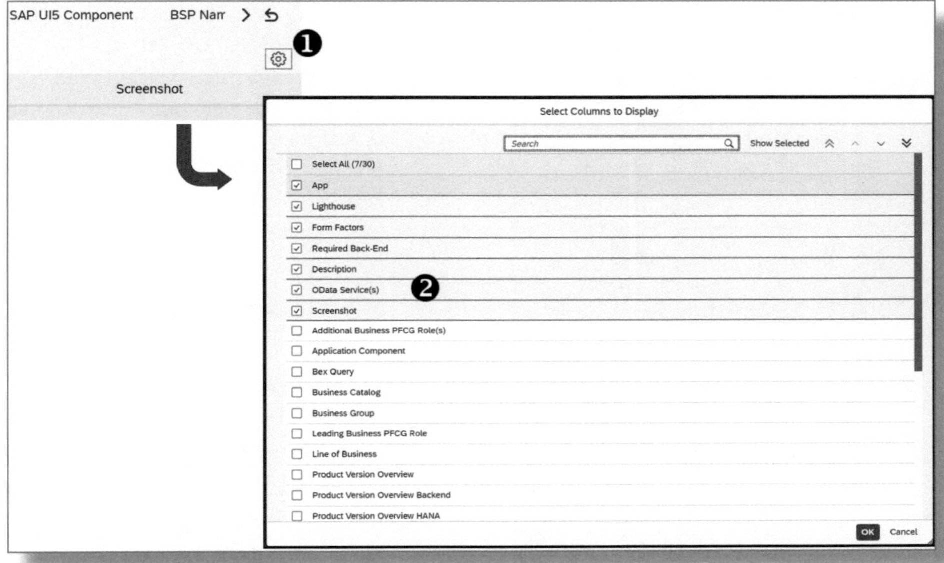

Abbildung 3.7: SAP Fiori Apps Reference Library – Einstellungen für die Listenansicht

Nach der Auswahl und Bestätigung sehen Sie z. B. für die App »Aging Analysis« (App-ID F1733) in der Spalte ❶ ODATA SERVICE(S) die Informationen C_APFLEXIBLEAGING_CDS 0001 und /SSB/SMART_BUSINESS_RUNTIME_SRV 0001. Bei Ersterer handelt es sich in diesem Fall um die CDS-View. Dies ist an dem Suffix ❷ _CDS (Core Data Service) zu erkennen, das sich am Ende der Bezeichnung befindet. Der technische Name der CDS-View verzichtet darauf; in diesem Fall lautet er also *C_APFLEXIBLEAGING*. Die zweite Benennung verweist auf den verwendeten OData-Service, zu erkennen am Suffix ❸ _SRV für Service (siehe Abbildung 3.8). Darüber hinaus hätten Sie noch die Möglichkeit, sich die Liste über Download in Microsoft Excel zu exportieren und anschließend über einen Filter für das Suffix _CDS alle CDS-Views zu identifizieren.

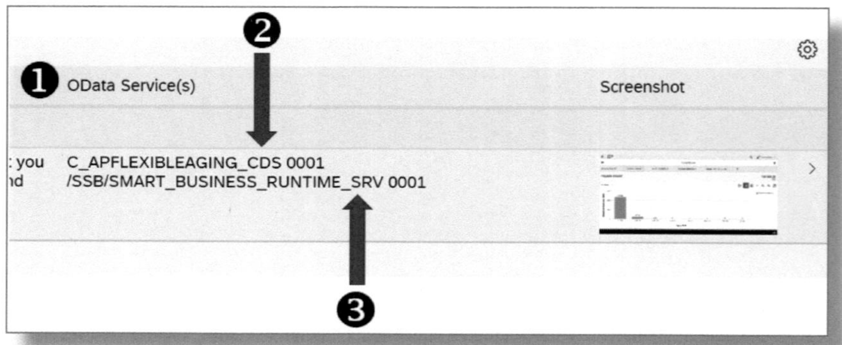

Abbildung 3.8: SAP Fiori Apps Reference Library – Listenansicht von CDS-View/OData-Services

3.2.3 CDS-View-Suche in SAP GUI mittels Query-Monitor und ABAP Workbench

Ich möchte Ihnen nun zwei Möglichkeiten zeigen, wie Sie auch in der klassischen SAP GUI nach CDS-Views suchen können. Dazu wenden wir uns zum einen dem bereits in Abschnitt 2.3 vorgestellten Query-Monitor zu und gehen zum anderen den Weg über die ABAP Workbench (Transaktion *SE80*).

1. Suche via Query-Monitor

In Abschnitt 2.3 haben Sie den Query-Monitor kennengelernt, um Queries direkt in SAP GUI zu testen. Sie können ihn außerdem dazu verwenden, sich weitere Informationen zu einer Query anzeigen zu lassen, wie z. B. den Namen der verwendeten CDS-View.

Rufen Sie hierfür mit der Transaktion *RSRT* zunächst den Query-Monitor auf und suchen Sie über die ❶ Wertehilfe F4 nach ❷ Kostenstellen. Anschließend werden Ihnen alle Kostenstellen-Queries angezeigt. Wie Sie jetzt am ❸ technischen Namen der Queries erkennen können, weist der Name der einen Query das Präfix *2C** (CDS-View-basiert) auf und der Name der anderen das Präfix /ERP/SFIN_* (InfoProvider-basiert) (siehe Abbildung 3.9).

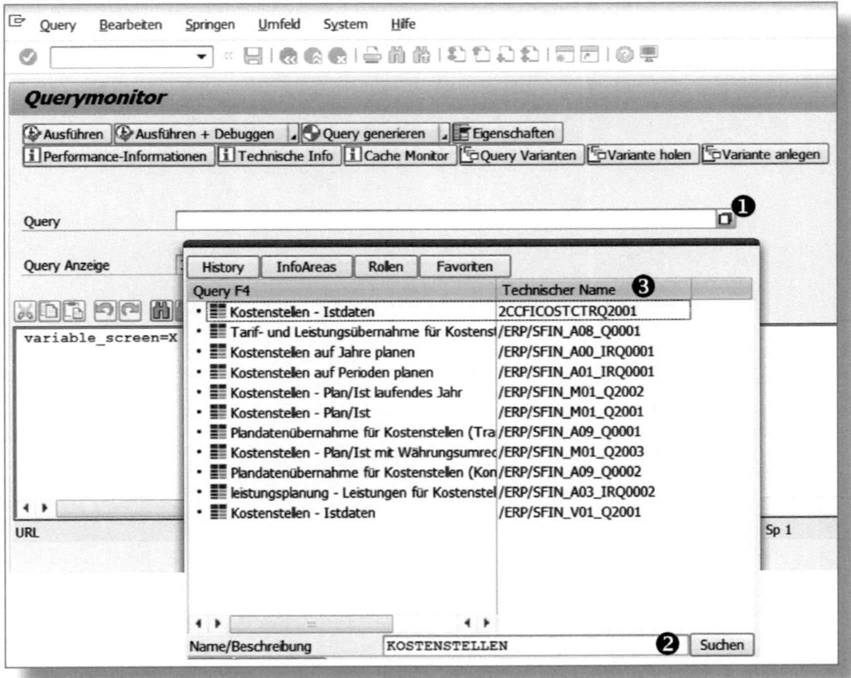

Abbildung 3.9: Query-Monitor – Suche nach Kostenstellenberichten

Um jetzt die CDS-View der Query *Kostenstellen – Istdaten – CCFICOSTCTRQ2001* zu identifizieren, selektieren Sie diese Query und wählen anschließend ❶ Technische Info aus. Daraufhin öffnet sich eine Übersichtsseite, auf der Sie die Information der verwendeten CDS-View finden. In der Tabelle Daten der Query-Definition finden Sie unter ❷ DDL-Quelle den Namen der CDS-View, in unserem Beispiel *C_COSTCENTERQ2001* (siehe Abbildung 3.10).

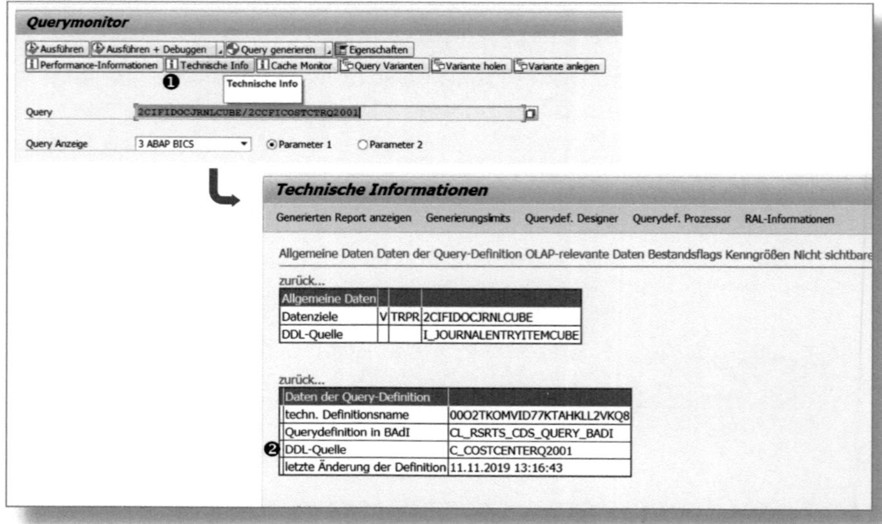

Abbildung 3.10: Query-Monitor – technische Informationen

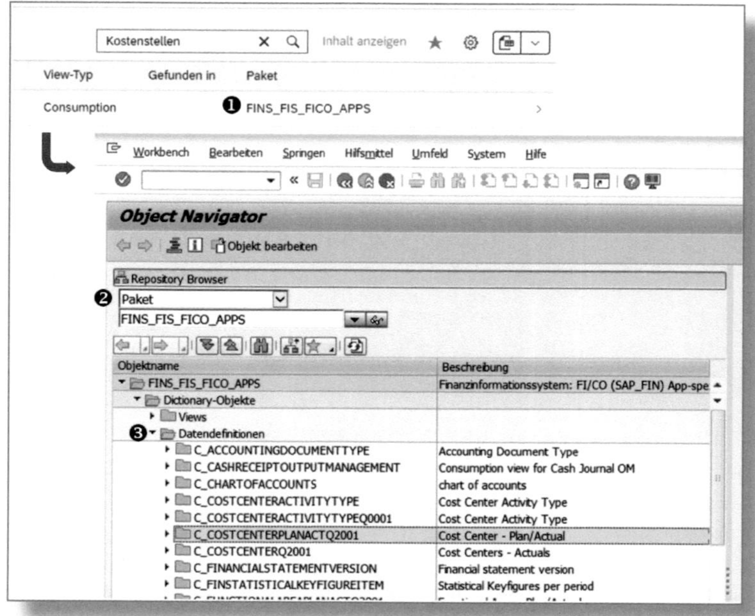

Abbildung 3.11: CDS-View-Suche in der ABAP Workbench

2. Suche via ABAP Workbench

In Abschnitt 3.2.1 habe ich Ihnen erläutert, dass Sie im Query-Monitor auch den Namen des Entwicklungspakets erfahren können. Wenn Sie diese Information in der ABAP Workbench verwenden, erkennen Sie sofort, welche weiteren CDS-Views sich noch im Entwicklungspaket befinden. In Abschnitt 3.2.1 habe ich im View-Browser nach Kostenstellen gesucht, dabei wurde u. a. das Entwicklungspaket ❶ FINS_FIS_FICO_APPS angezeigt. Wenn Sie jetzt die ABAP Workbench mit der Transaktion *SE80* aufrufen, können Sie nach diesem ❷ Paket suchen. Anschließend finden Sie im Unterordner ❸ Datendefinitionen alle CDS-Views, die zu diesem Entwicklungspaket gehören (siehe Abbildung 3.11).

3.3 Erstellen einer benutzerdefinierten analytischen Abfrage anhand eines Praxisbeispiels

Nachdem Sie die Grundlagen der benutzerdefinierten Berichte kennengelernt haben, möchte ich Ihnen anhand eines einfachen Praxisbeispiels zeigen, wie Sie selbst einen Bericht erstellen können.

Nehmen wir an, Sie sind Controller und arbeiten schwerpunktmäßig mit der SAP-Fiori-App »Kostenstellen – Ist« (App-ID F0940A) im operativen Geschäft; jedoch möchten Sie bei Ihrer täglichen Arbeit den Maximalbetrag pro Periode in einer separaten Spalte angezeigt bekommen. Darüber hinaus wurden Sie aufgefordert, alle Buchungen, die einen Wert von 30.000 Euro überschreiten, gesondert zu analysieren bzw. separat darzustellen. Beide Informationen fehlen im Standardbericht, deshalb haben Sie sich dazu entschlossen, einen benutzerdefinierten Bericht anzulegen, der ebendiese Informationen enthält.

1. Abfrage erstellen

Rufen Sie zunächst die SAP-Fiori-App »Benutzerdefinierte analytische Abfragen« ❶ über das SAP Fiori Launchpad auf (siehe Abbildung 3.12). Ihr Benutzer benötigt hierzu entweder die SAP-Best-Practice-

Rolle *SAP_BR_ANALYTICS_SPECIALIST* oder eine kundeneigene Rolle mit Zugriff auf den SAP-Fiori-Katalog (*SAP_CA_BC_ANA_AQD*) und die Gruppe *SAP_CA_BCG_ANA_AQD* (siehe IMPLEMENTATION INFORMATION der SAP-Fiori-App »Benutzerdefinierte analytische Abfragen« in der SAP Fiori Apps Reference Library). Anschließend erhalten Sie eine Übersicht aller bereits vorhandenen Abfragen in Ihrem System. Hier haben Sie die Möglichkeit, eine vorhandene Abfrage zu verändern (Doppelklick auf die jeweilige Abfrage, falls nicht transportiert), zu kopieren und eine neue anzulegen. In unserem Beispiel erstellen wir eine neue Abfrage, da die Schritte beim Kopieren und Anpassen sich hieraus ableiten lassen. Klicken Sie zunächst auf Neu ❷. Im nächsten Schritt werden Sie dazu aufgefordert, einen Namen zu vergeben, in diesem Fall habe ich *COSTCENTER* ❸ gewählt. Das Präfix *ZZ1_* wird automatisch gesetzt und ist im Customizing des *Adaption Transport Organizer* definiert (siehe Hinweiskasten).

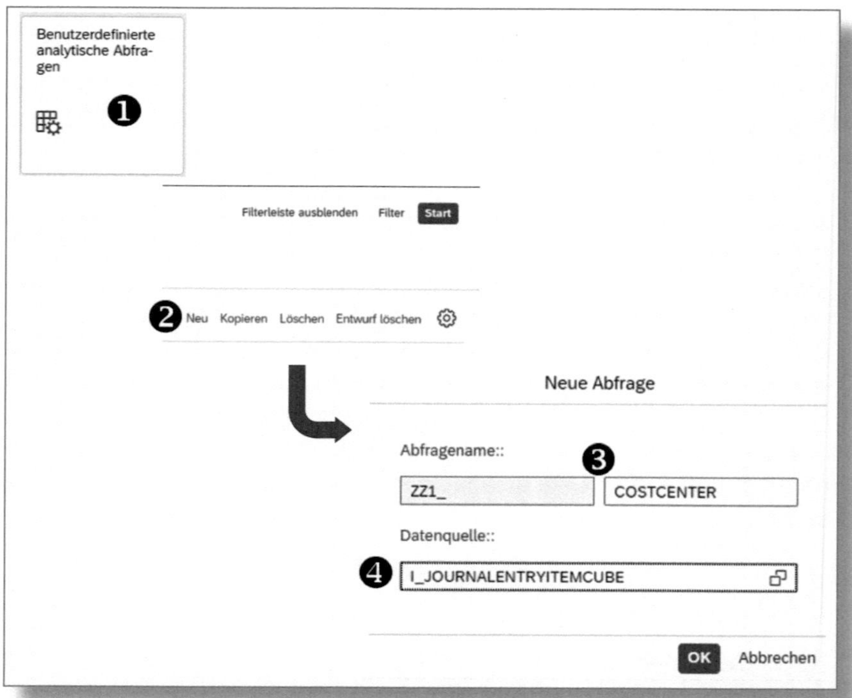

Abbildung 3.12: Benutzerdefinierte analytische Abfrage erstellen

Customizing des Adaption Transport Organizer

Das Erstellen benutzerdefinierter analytischer Abfragen erfordert die Konfiguration des Adaption Transport Organizer. Diese erfolgt mittels Customizing in SAP S/4HANA. Die genauen Schritte sind im Hinweis 2283716, »S/4HANA Key User Application is not configured«, beschrieben.

Durch die Verwendung der SAP-Fiori-App »View-Browser« habe ich realisiert, dass die Standard-App »Kostenstellen – Ist« auf der CDS-View *I_JOURNALENTRYITEMCUBE* basiert, deshalb wählen wir diese ebenfalls als ❹ DATENQUELLE.

Nach Bestätigung mit OK wird der Bericht erstellt, und Sie gelangen auf die Sicht ALLGEMEIN. Hier können Sie die Bezeichnung ändern oder den MAX. BEARBEITUNGSAUFWAND festlegen. Mit dieser Einstellung können Sie den Bearbeitungsaufwand für eine Abfrage (Zeit/Aufwand) steuern. Wir wählen hier die *Standardeinstellung* (siehe Abbildung 3.13).

Abbildung 3.13: Benutzerdefinierte analytische Abfrage – »Allgemein«

2. Feldauswahl

Nach Definition der allgemeinen Parameter müssen Sie die FELDAUSWAHL vornehmen. Hier können Sie aus allen verfügbaren Feldern der View wählen. In unserem Fall habe ich z. B. Standardfelder wie Buchungskreis, Kostenrechnungskreis, Kostenstelle, Profitcenter und natürlich Kennzahlen wie Betrag in Buchungskreiswährung über ❶ AUSWAHL ausgesucht. Auf der rechten Seite sehen Sie alle gewählten Felder sowie deren Darstellungsweise (in Spalten oder Zeilen). Darüber hinaus können Sie erkennen, ob die Felder ❷ angezeigt oder ❸ gefiltert werden (siehe Abbildung 3.14).

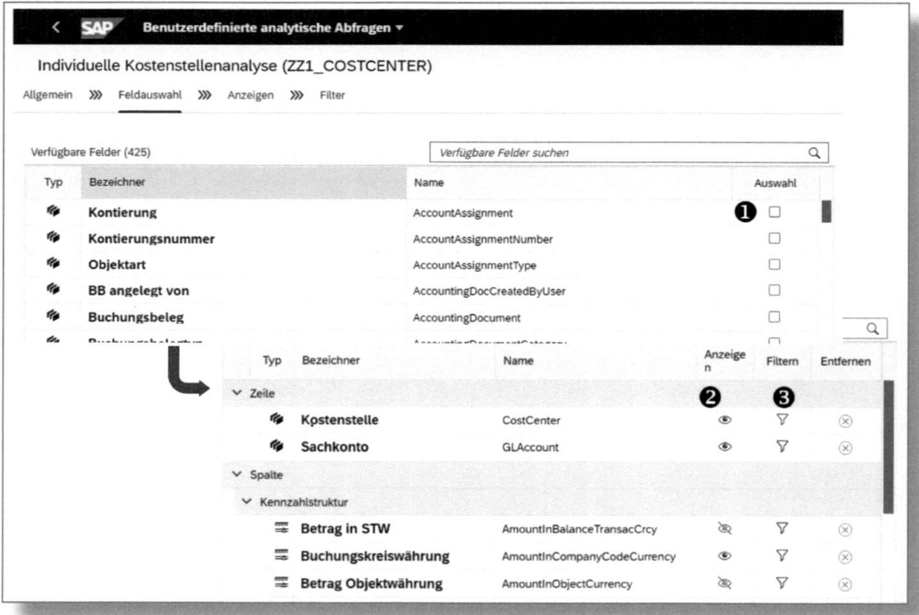

Abbildung 3.14: Benutzerdefinierte analytische Abfrage – »Feldauswahl«

3. Anzeigen/Feldeigenschaften

Im nächsten Schritt müssen Sie definieren, welche Felder in Spalten oder Zeilen angezeigt werden. Markieren Sie hierzu eine Kennzahl oder ein Feld. Anschließend werden Ihnen die Einstellmöglichkeiten auf der rechten Seite dargestellt. Für unser Beispiel wählen wir zunächst die Kennzahl ❶ *Buchungskreiswährung* aus und nehmen unter ❷ Bezeichner übersteuern den Eintrag *Buchungskreiswährung* vor. Mit der Option ❸ Anzeigen definieren wir, dass die Kennzahl angezeigt wird. Darüber hinaus legen wir ❹ *2* Dezimalstellen fest und wählen als ❺ Skalierung die *Standardeinstellung*. Mit der Skalierung können Sie steuern, ob die Kennzahl z.B. in 1.000 Euro angezeigt wird. Die weiteren Einstellungen wie ❻ Zugeklappt, Hierarchie und Übergeordnet werden ausschließlich bei Hierarchien verwendet (siehe Abbildung 3.15).

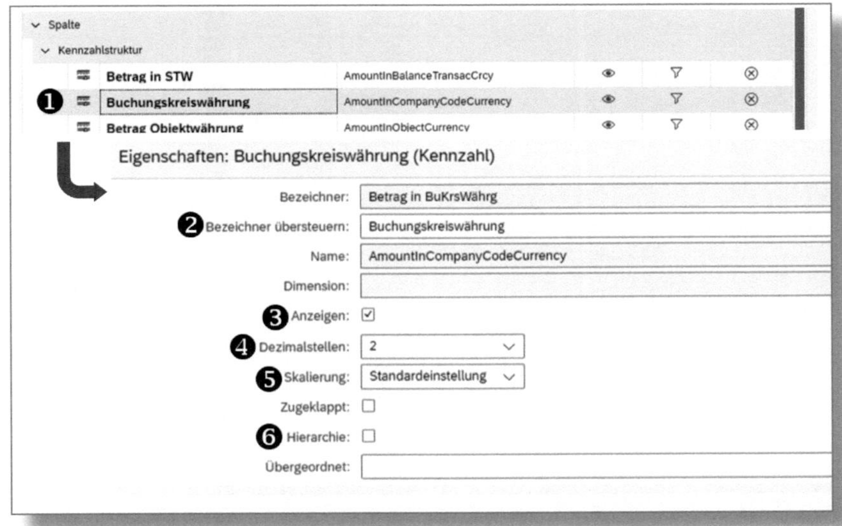

Abbildung 3.15: Benutzerdefinierte analytische Abfrage – Feldeinstellungen für die Kennzahl »Buchungskreiswährung«

Nachdem die Einstellungen der Kennzahlen definiert worden sind, folgen diejenigen der Dimensionen. Hierzu wählen Sie die Dimension *Kostenstelle*. Auch hier besteht die Möglichkeit, die Bezeichnung zu übersteuern. Ebenso legen wir an dieser Stelle mit der Option ❶ Anzeigen fest, dass die Kostenstelle eingeblendet wird. Mit der Option ❷ Ergebnis anzeigen wird gesteuert, ob die Summe berechnet wird; auch dies bestätigen wir. Als ❸ DIMENSIONSFORMAT wählen wir *Schlüssel und Text*, was bedeutet, dass der Name und die Bezeichnung der Kostenstelle angezeigt werden. Für die ❹ SORTIERUNG wählen wir *Aufsteigend*. Die Kostenstelle soll als ❺ *Zeile* angezeigt werden. Es wird keine ❻ HIERARCHIE verwendet. Die Filter werden im nächsten Schritt separat definiert, daher die ❼ Information, zum Filter zu wechseln (siehe Abbildung 3.16).

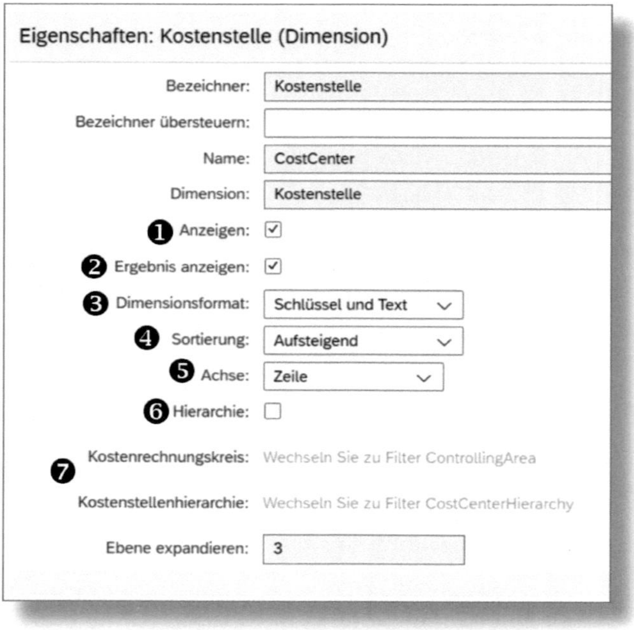

Abbildung 3.16: Benutzerdefinierte analytische Abfrage – Feldeinstellungen für Dimension »Kostenstelle«

4. Kundeneigene Spalten

Neben der Definition der Einstellungen für Kennzahlen und Dimensionen haben Sie auf der Registerkarte ANZEIGEN ebenfalls die Möglichkeit, kundeneigene Spalten hinzuzufügen. Dies ist notwendig, um die Anforderungen unseres Beispiels zu erfüllen. Beginnen wir zunächst mit der Definition einer Spalte, die die Maximalbeträge in Abhängigkeit zur Periode anzeigt. Wählen Sie hierfür den Button HINZUFÜGEN und aus dem anschließend angezeigten Dropdown-Menü ❶ BERECHNETE KENNZAHL HINZUFÜGEN. Jetzt müssen wir den ❷ BEZEICHNER und einen NAMEN eingeben. Wir definieren *Maximalbetrag* für beides. Anschließend sehen Sie zunächst wieder die Standardeinstellungen für Kennzahlen wie ❸ ANZEIGEN, DEZIMALSTELLEN, SKALIERUNG und die HIERARCHIEEINSTELLUNGEN. Hier wählen wir jeweils die *Standardeinstellung* und zeigen die Kennzahl an (siehe Abbildung 3.17).

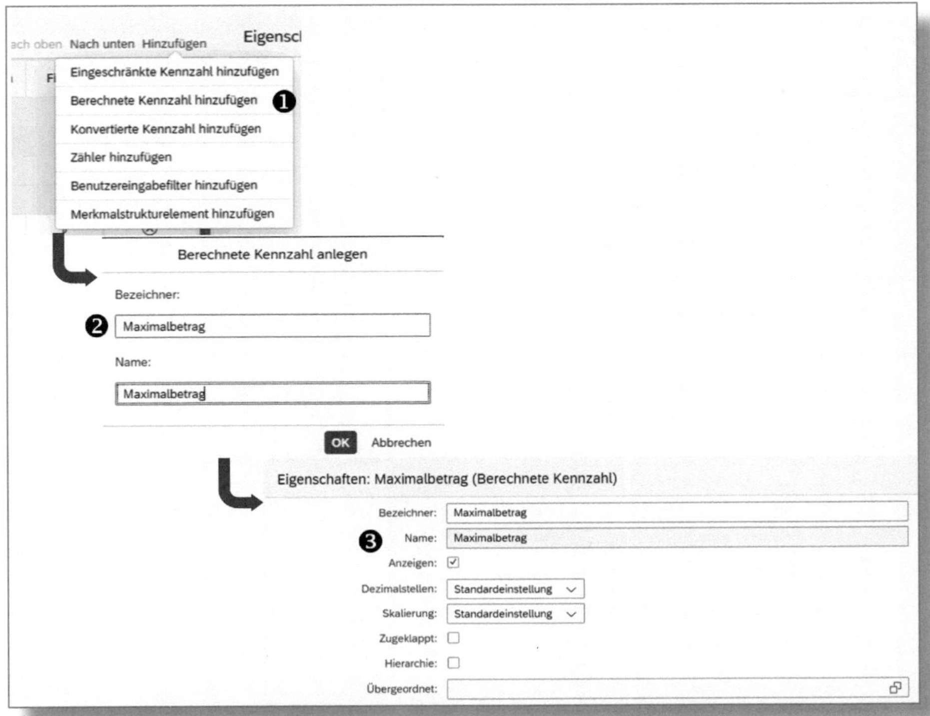

Abbildung 3.17: Benutzerdefinierte analytische Abfrage – Feldeinstellungen zur Definition der kundeneigenen Spalte »Maximalbetrag«

Unter ❶ AUSDRUCK haben Sie nun die Möglichkeit, komplexe Logiken zu definieren, wie z. B. Berechnungen oder Bedingungen. Wir wählen ❷ BEARBEITEN und ergänzen im AUSDRUCKSEDITOR über den Button

❸ Kennzahlen die Kennzahl *Buchungskreiswährung*. Anschließend bestätigen wir mit OK.

Im nächsten Schritt müssen wir eine Ausnahmeaggregation hinzufügen, damit wir in Abhängigkeit von der Dimension *Jahr Monat* den Maximalbetrag angezeigt bekommen. Bestätigen Sie hierfür die Auswahl Ausnahmeaggregation. Als ❹ Funktion legen wir *MAX* fest. Damit werden die Maximalbeträge angezeigt. Darüber hinaus gibt es weitere Funktionen, wie z. B. *SUM* für Summierungen oder *COUNT* für Zähler. Als ❺ Dimension wählen Sie *Jahr Monat* (siehe Abbildung 3.18).

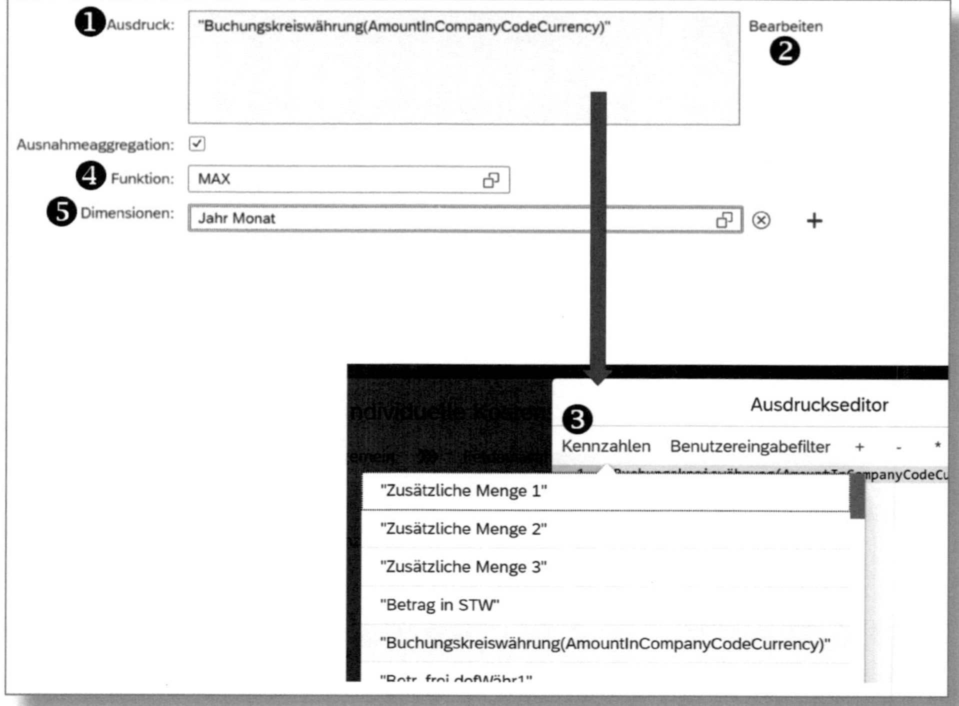

Abbildung 3.18: Benutzerdefinierte analytische Abfrage – Feldeinstellungen zur Logik der kundeneigenen Spalte »Maximalbetrag«

Als Nächstes definieren wir eine Spalte, die alle Beträge größer 30.000 Euro hervorhebt. Hierzu wählen Sie wieder HINZUFÜGEN und anschließend *Berechnete Kennzahl hinzufügen* aus. Als Bezeichnung wählen wir *Größer 30T€* und als Namen *Groesser30*. Wichtig: Im Namen dürfen keine Umlaute oder Sonderzeichen vorkommen, da der Bericht ansonsten nicht ausführbar ist. Wir selektieren wieder die *Standardeinstellungen* und bestimmen jetzt im AUSDRUCKSEDITOR eine Formel. Hierzu wählen Sie über den Button FUNKTIONEN ❶ den Eintrag CASE EXPRESSION aus. Wir legen unter ❷ die Bedingung `CASE WHEN "Buchungskreiswährung(AmountInCompanyCodeCurrency)" > 30000 THEN 1 ELSE 0 END` für die Kennzahl *Buchungskreiswährung* fest und bestätigen mit OK. In diesem Fall müssen wir keine AUSNAHME-AGGREGATION definieren (siehe Abbildung 3.19).

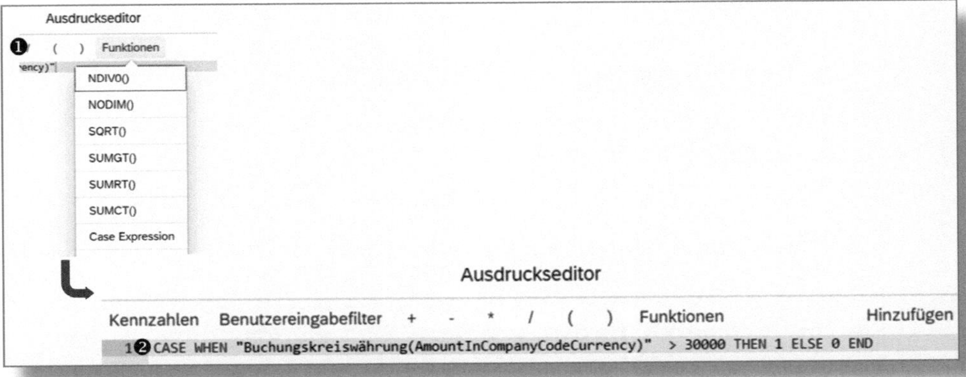

Abbildung 3.19: Benutzerdefinierte analytische Abfrage – Feldeinstellungen der kundeneigenen Spalte »Case-Bedingung«

5. Filter

Im vorletzten Schritt haben Sie die Option, pro Kennzahl und Dimension Filter zu definieren. Wir legen in unserem Beispiel einen Filter für die Kostenstelle fest, damit nur diese im Bericht angezeigt wird. Hierzu wählen wir im Feld DIMENSION den Eintrag *Kostenstelle* aus. Auf der rechten Seite des Fensters werden wieder die Einstellmöglichkeiten dargestellt. Wir setzen als FESTWERT die Kostenstelle *10101101* ein.

Darüber hinaus können Sie hier Benutzereingabewerte zulassen, sodass z. B. erst beim Aufruf des Berichts eine Kostenstelle bestimmt werden muss (siehe Abbildung 3.20).

Abbildung 3.20: Benutzerdefinierte analytische Abfrage – Feldeinstellungen für die Kostenstelle

6. Sichern, freigeben und als Kachel sichern

Nachdem Sie im vorletzten Schritt die Filter definiert haben, können Sie Ihre Abfrage als ENTWURF SICHERN und sich das Ergebnis als VORSCHAU ANZEIGEN lassen. Wie Sie am Ergebnis unseres Beispiels sehen können (siehe Abbildung 3.21), werden in der Spalte MAXIMALBETRAG jeweils die größten Beträge der Buchungen angezeigt.

Kostenstelle	Kostenstelle	Sachkonto	Sachkonto	Buchungskreiswährung	Maximalbetrag	Größer 30T€
10101101	Finanzen (DE)	61003000	Reisek. Unterkunft	40.000,00 EUR	40.000,00 EUR	1
		61008000	Sonstige R.-Kosten	0,00 EUR	0,00 EUR	0
		61010000	Sonstige Pers.kosten	37.000,00 EUR	20.000,00 EUR	1
		65100000	Büromaterial	67,20 EUR	67,20 EUR	0
		66000000	So betriebl Aufwand	3.852,36 EUR	3.549,84 EUR	0
		94225000	CO-PA Umlagen - Ver.	0,00 EUR	0,00 EUR	0
Gesamtsumme				**80.919,56 EUR**	**60.000,00 EUR**	**1**

Abbildung 3.21: Benutzerdefinierte analytische Abfrage – Ergebnis

Die Spalte GRÖSSER 30T€ enthält immer eine *1*, wenn der Betrag der Buchungskreiswährung größer als 30.000 Euro ist. Da der Bericht korrekte Werte anzeigt, können wir ihn jetzt über den Button FREIGEBEN speichern. Über die Vorschau haben Sie außerdem die Möglichkeit, den Bericht dauerhaft als Kachel zu sichern. So können Sie direkt über Ihre Startseite auf den Bericht zugreifen. Wählen Sie hierfür in der Vorschau den Button für ❶ Aktionen und anschließend ALS KACHEL SICHERN… aus. Danach können Sie noch einen ❷ TITEL, UNTERTITEL und eine BESCHREIBUNG vergeben sowie entscheiden, in welcher ❸ GRUPPE die Kachel abgelegt wird. Nachdem Sie mit OK bestätigt haben, wird die Kachel auf Ihrer Startseite oder in einer Gruppe gesichert und ist dauerhaft verfügbar (siehe Abbildung 3.22).

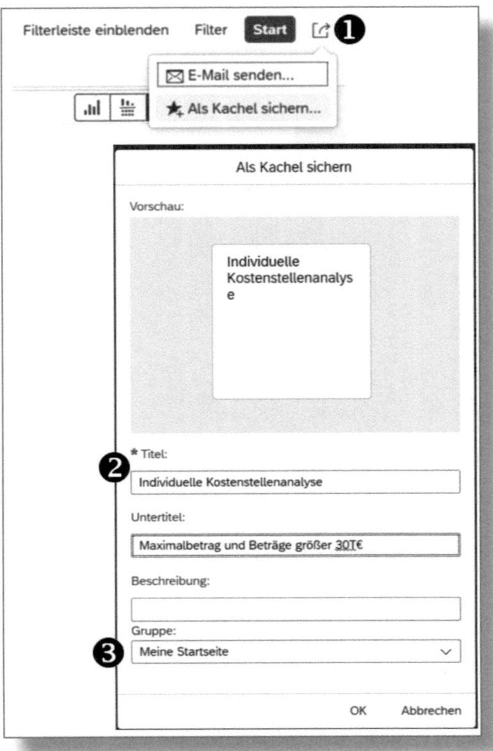

Abbildung 3.22: Benutzerdefinierte analytische Abfrage – Kachel sichern

4 Modellierungstools für SAP S/4HANA

In den vorherigen Kapiteln haben Sie gelernt, dass SAP HANA Calculation Views und ABAP-CDS-Views den Kern von Embedded Analytics in SAP S/4HANA bilden. Diese Views können Sie jedoch nicht mit den bekannten SAP-Standardtools wie SAP GUI und ABAP Workbench (Transaktion *SE80*) anpassen. Bevor ich Ihnen in Kapitel 4 erläutere, wie Sie SAP HANA Calculation Views und ABAP-CDS-Views bearbeiten, möchte ich Ihnen zunächst die wichtigsten Tools dafür näherbringen.

4.1 Eclipse

Seit mehr als zehn Jahren bietet die SAP als Alternative zur ABAP Development Workbench auch *SAP Development Tools* für Eclipse an, sodass mit Eclipse auf SAP-Systeme zugegriffen werden kann, um in ABAP zu entwickeln. Darüber hinaus stellt die SAP eine eigene Eclipse-Version, *SAP HANA Studio* (im Marketplace als Softwaredownload vorhanden) zur Verfügung. Dabei handelt es sich lediglich um eine Version von Eclipse mit vorinstallierten SAP Development Tools und Logos (mehr dazu in Abschnitt 4.1.3).

Eclipse wurde ursprünglich als reine Java-Entwicklungsumgebung genutzt und ist frei verfügbar. Eclipse hat den großen Vorteil, dass es durch Plug-ins erweiterbar und somit hochflexibel ist. Darüber hinaus ist Eclipse im Gegensatz zur ABAP Workbench quelltextbasiert, sodass z. B. nicht ständig zwischen Formularen für Methoden etc. gewechselt werden muss. Neben klassischen Entwicklungsmöglichkeiten bietet Eclipse auch die Option, das klassische SAP GUI direkt in Eclipse aufzurufen. Auf diese Weise können Sie alle Funktionen aus einer Anwendung heraus bedienen.

In den nachfolgenden Abschnitten möchte ich Ihnen zeigen, wie Sie Eclipse und die SAP Development Tools installieren, um CDS-Views anzupassen, und Ihnen einen kurzen Überblick über die wichtigsten Funktionen geben.

4.1.1 Installation von Eclipse

Eclipse und die SAP Development Tools sind frei verfügbar und können von der Homepage *https://tools.hana.ondemand.com/* heruntergeladen werden. Neben den wichtigsten Installationsdateien finden Sie dort auch eine Installationsanleitung.

Für die Modellierung von SAP HANA Calculation Views und ABAP-CDS-Views sind folgende Tools notwendig:

- aktuellste Eclipse-Version
- ABAP Development Tools
- SAP HANA Tools
- Modeling Tools for SAP BW/4HANA

Nachdem Sie Eclipse heruntergeladen und installiert haben, können Sie die ABAP Development Tools und SAP HANA Tools über die Menüleiste ❶ HELP • INSTALL NEW SOFTWARE... installieren. Im nächsten Fenster geben Sie ❷ die URL *https://tools.hana.ondemand.com/* an und wählen die zu installierenden Komponenten aus (siehe Abbildung 4.1). In der Regel gibt es hierbei keine Probleme, jedoch sollten Sie darauf achten, dass Sie genau den Installationsanweisungen der Homepage folgen und keine Versionskonflikte entstehen. Wählen Sie entsprechend der jeweiligen Eclipse-Version die passenden ABAP-Tools.

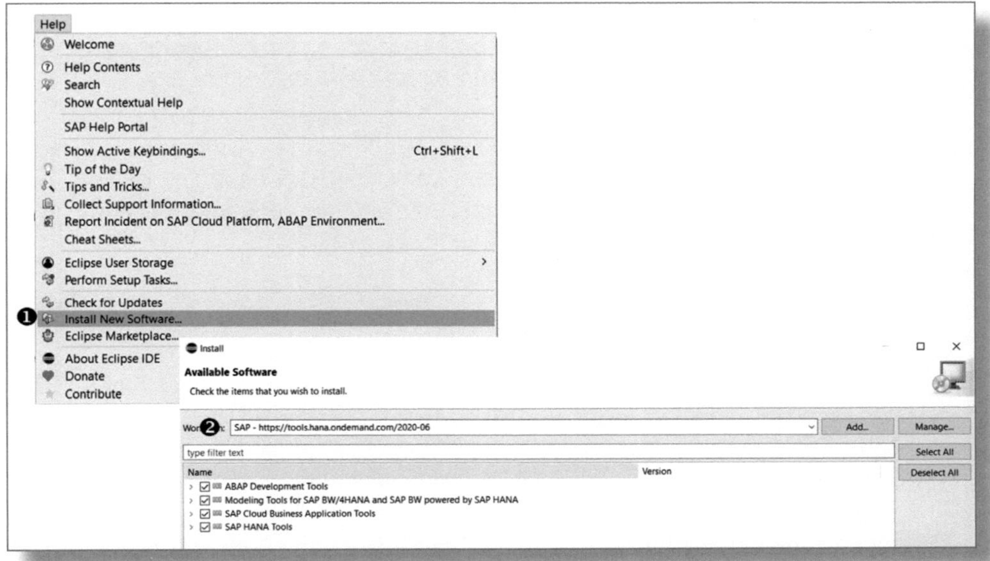

Abbildung 4.1: Installation von SAP HANA Tools für Eclipse

4.1.2 SAP-Funktionen in Eclipse aufrufen

Nachdem Sie die SAP Development Tools installiert haben, können Sie auf Ihr SAP-System und Ihre SAP-HANA-Datenbank zugreifen. Ich möchte Ihnen nun kurz die wichtigsten Schritte erläutern, wie Sie mit Eclipse auf die SAP-HANA-Datenbank oder den Applikationsserver zugreifen.

Wie in Abschnitt 1.3 beschrieben, werden SAP HANA Calculation Views direkt auf der SAP-HANA-Datenbank modelliert, d. h., Sie benötigen einen Datenbankbenutzer für SAP HANA mit ausreichend

Berechtigungen für die Modellierung von Views. Bitte lassen Sie sich von Ihren SAP-HANA-Datenbankadministratoren die benötigten Berechtigungen erteilen (mindestens die Rolle *sap.hana.xs.ide.roles:Developer*).

ABAP-CDS-Views werden direkt auf dem Applikationsserver entwickelt, somit können Sie hierfür Ihren SAP-Benutzer verwenden (natürlich ebenfalls mit ausreichenden Berechtigungen).

Zugriff auf die SAP-HANA-Datenbank

Rufen Sie in Eclipse zunächst über die Menüleiste WINDOWS • OPEN PERSPECTIVE den Eintrag SAP HANA ADMINISTRATION CONSOLE auf. Anschließend sehen Sie auf der linken Seite des Fensters den Bereich SYSTEMS. Hier können Sie über ADD SYSTEM eine neue Verbindung zu Ihrer SAP-HANA-Datenbank hinzufügen. Nachdem sich das Fenster mit den relevanten Systemdaten geöffnet hat, geben Sie alle notwendigen Informationen sowie Benutzernamen und Kennwort ein. Nach erfolgreicher Anmeldung sehen Sie in der Regel die in Abbildung 4.2 gezeigte Ordnerstruktur.

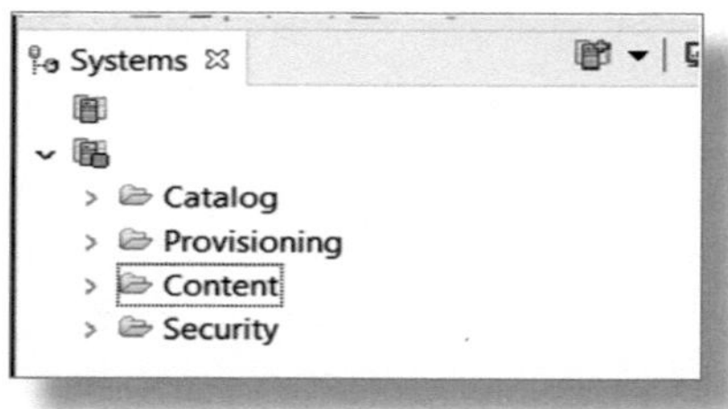

Abbildung 4.2: Ordnerstruktur in Eclipse

Die standardmäßigen SAP HANA Calculation Views sind im Ordner CONTENT unter dem Pfad *Content\sap\erp\sapfin\...* zu finden. In Abbildung 4.3 sehen Sie beispielsweise die SAP HANA Calculation View *FCO_C_IBP_ACDOCA* (siehe Abschnitt 1.2.3 zur SAP-HANA-View-Ermittlung) der SAP-Fiori-App »Kostenstellen – Ist«.

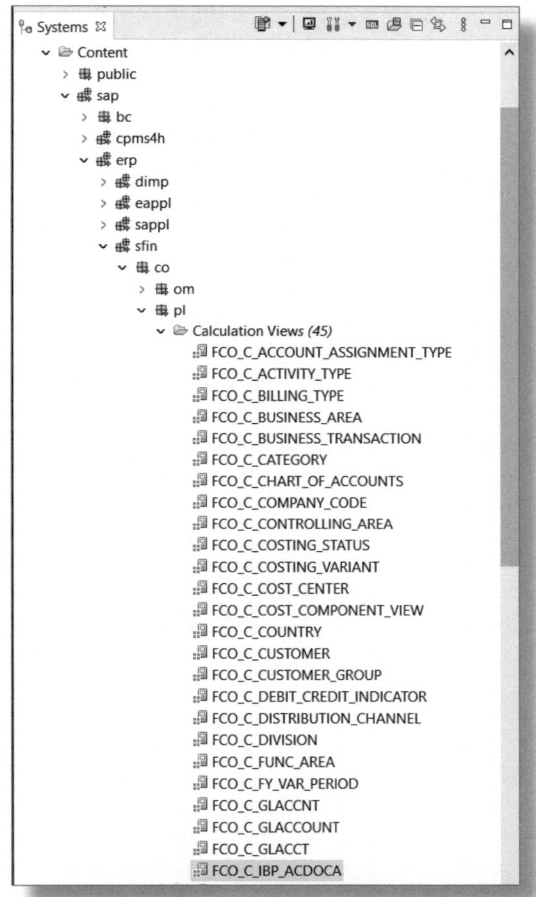

Abbildung 4.3: SAP HANA Calculation View »FCO_C_IBP_ACDOCA« in Eclipse

Zugriff auf ABAP-CDS-Views

Rufen Sie in Eclipse zunächst über die Menüleiste Windows • Open Perspective • Other den Eintrag ABAP auf. Anschließend können Sie über File • New • ABAP Project ein ABAP-Projekt anlegen und sich aus Ihrer SAP-Systemliste das System auswählen, an dem Sie sich anmelden und das Projekt erstellen möchten (siehe Abbildung 4.4).

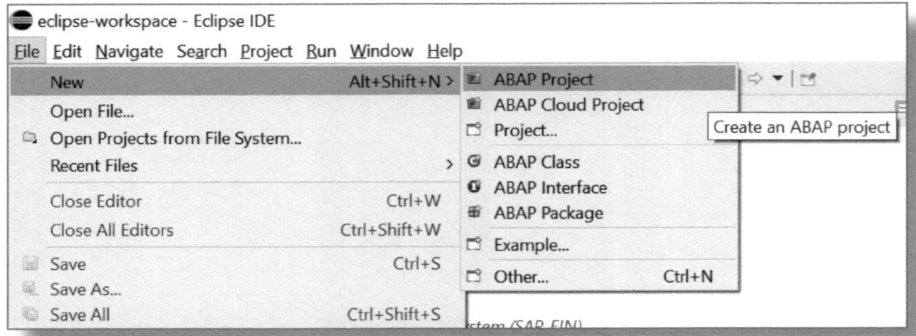

Abbildung 4.4: ABAP-Projekt in Eclipse anlegen

Anschließend sehen Sie die gewohnte Paketstruktur eines SAP-Systems. Sie können jetzt z. B. in kundeneigenen Paketen neue ABAP-CDS-Views erstellen oder bestehende erweitern. Mehr dazu im Detail ab Kapitel *5*.

4.1.3 SAP HANA Studio

Auch wenn es sich bei SAP HANA Studio um Eclipse mit vorinstallierten SAP Development Tools handelt, möchte ich dennoch in diesem Abschnitt kurz auf dessen Vorzüge für Unternehmen eingehen.

In einer reinen SAP-Umgebung ergibt es Sinn, SAP HANA Studio zu verwenden. SAP versorgt diese Version im Gegensatz zu Eclipse automatisch mit Updates, was die Verwaltung in einer komplexen IT-Infrastruktur erleichtert.

Falls Sie über keinen Marketplace-Benutzer verfügen (z. B. als Freiberufler oder wenn nur wenige Installationen im Unternehmen benötigt werden), ist es einfacher, Eclipse mit den Erweiterungen selbst zu installieren.

4.2 Development Workbench in SAP S/4HANA

Neben Eclipse können Sie zur Modellierung von SAP HANA Calculation Views auch die SAP HANA Web-based Development Workbench verwenden. Diese ist ohne Installation über den Browser unter nachfolgendem Link in Ihrem Netzwerk aufrufbar:

http://<webserverhost>:80<saphanainstance>/sap/hana/ide

Sie müssen darauf achten, dass Sie nicht den Standard-HTTP-Port 8000 verwenden, sondern die letzten beiden 00 durch die Instanznummer Ihrer SAP-HANA-Datenbank ersetzen, d. h., Sie müssen dieselbe Instanznummer wie in Eclipse (siehe Abschnitt 4.1.2) nutzen. Nachdem Sie sich angemeldet haben, werden Ihnen nachfolgende Optionen vorgeschlagen (siehe Abbildung 4.5):

- *Editor:* dient dazu, Anwendungen anzulegen, anzupassen oder auszuführen
- *Catalog:* dient der Verwaltung von SAP-HANA-Datenbankobjekten
- *Security:* dient der Benutzerverwaltung
- *Trace:* dient dem Prüfen oder Nachverfolgen von Anwendungen

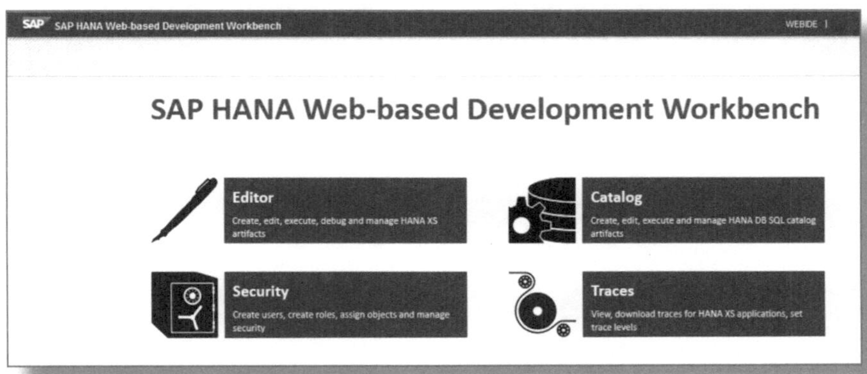

Abbildung 4.5: SAP HANA Web-based Development Workbench

SAP HANA Calculation Views rufen Sie über den Editor auf. Anschließend arbeiten Sie in derselben Ordnerstruktur wie in Abschnitt 4.1.2.

4.3 Fazit

Wie Sie in den letzten beiden Abschnitten gelernt haben, gibt es unterschiedliche Möglichkeiten, um SAP HANA Calculation Views oder ABAP-CDS-Views zu modellieren.

Aus meiner persönlichen Erfahrung als SAP-Berater kann ich die Verwendung von Eclipse empfehlen, da sich die SAP HANA Web-based Development Workbench via Browser meiner Meinung nach eher dazu eignet, nach Views zu suchen oder kleinere Anpassungen durchzuführen.

Auch im Vergleich zu SAP HANA Studio ist Eclipse meines Erachtens immer die flexiblere Wahl, da Sie unabhängig von komplexen IT-Infrastrukturen schnell und einfach die neuesten Versionen installieren können. Insbesondere als Berater ist man somit von individuellen IT-Infrastrukturen der Kunden unabhängig.

Neben diesen beiden Tools fokussiert die SAP auf die cloudbasierte Entwicklungsumgebung SAP Web IDE (bekannt als Entwicklungswerkzeug für SAP-Fiori-Apps). Mit dieser soll es in Zukunft ebenfalls möglich sein, CDS-Views zu modellieren. Leider ist deren derzeitiger Funktionsumfang zur Gestaltung von CDS-Views sehr überschaubar, besonders im Vergleich zu Eclipse. Darüber hinaus ist es aktuell noch nicht möglich, ABAP-CDS-Views mit SAP Web IDE zu erstellen.

5 Kundeneigene Felder – Was nun? Standardberichte anpassen

SAP liefert im Standard eine Vielzahl an Berichten aus, die flexibel genutzt werden können. Diese Berichte stoßen jedoch an ihre Grenzen, wenn es um individuelle Anforderungen der Kunden geht, die sich im Standard nicht abbilden lassen.

In diesem Kapitel möchte ich Ihnen zunächst vorstellen, welche Anpassungsmöglichen es gibt, um Standardberichte um kundeneigene Felder zu erweitern, und anhand eines Praxisbeispiels zeigen, wie Sie Schritt für Schritt dabei vorgehen müssen.

5.1 Wie ermittle ich die Standard-View zu einem Standardbericht?

Bevor Sie einen Bericht anpassen können, müssen Sie zunächst herausfinden, ob es sich dabei um eine SAP HANA Calculation View oder um eine ABAP-CDS-View handelt. Dies ist notwendig, um zu entscheiden, ob Sie eine View direkt in der SAP-HANA-Datenbank oder per Erweiterung im SAP-NetWeaver-Stack bearbeiten müssen.

Zur Ermittlung der View stehen Ihnen die folgenden drei Suchoptionen zur Verfügung (siehe auch ausführliche Beschreibung in Abschnitt 3.2):

- SAP-Fiori-App »View-Browser« (App-ID F2170; siehe Abschnitt 3.2.1)
- SAP Fiori Apps Reference Library (siehe Abschnitt 3.2.2)
- Query-Monitor (Transaktion *RSRT*; siehe Abschnitt 3.2.3)

5.2 Anpassungsmöglichkeiten

Je nachdem, um welche Art von Views es sich handelt (SAP HANA oder ABAP), müssen Sie entweder direkt auf der Datenbank oder auf dem Applikationsserver arbeiten. In den nachfolgenden Abschnitten lernen Sie, wie Sie dabei vorgehen müssen.

5.2.1 SAP HANA Calculation View

Die Anpassungsmöglichkeiten auf der SAP-HANA-Datenbank sind im Vergleich zur Anpassung mit ABAP-CDS-Views leider nicht so komfortabel. Um upgradefähig zu bleiben, ist es nicht zu empfehlen, Standard-Views zu verändern. Es gibt keine Möglichkeit, existierende Views via *Append* (ABAP-Anweisung, die eine oder mehrere Tabellen an eine existierende Tabelle anhängt) oder *Extend* (Erweiterung einer vorhandenen ABAP-CDS-View) zu erweitern.

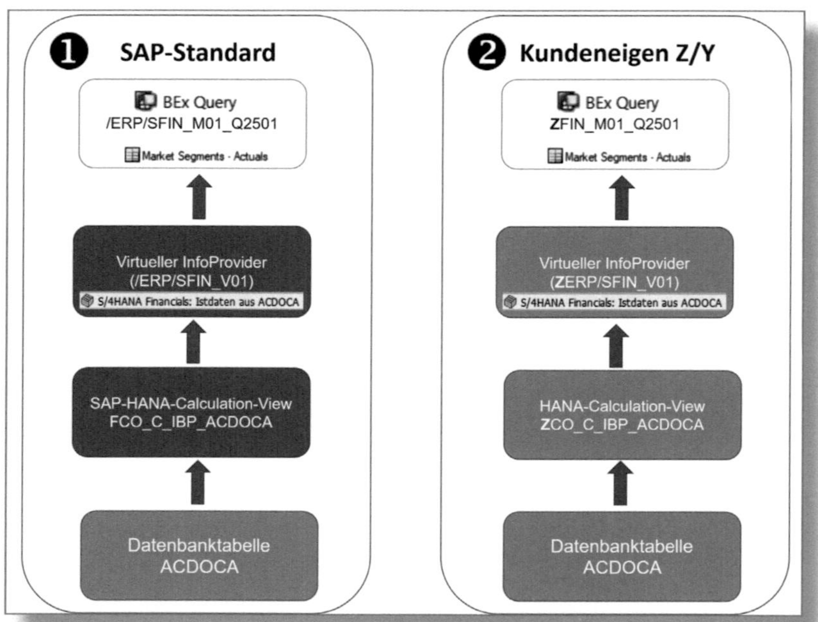

Abbildung 5.1: Erweiterung/Anpassung einer SAP HANA Calculation View – Standard vs. kundeneigen

Aufgrund dessen müssen Views in den kundeneigenen Namensraum kopiert und dort angepasst werden. In Abbildung 5.1 sehen Sie den ❶ Datenstrang für die Query *Market Segments – Actuals*. In ❷ sehen Sie exemplarisch, dass für eine Anpassung ein komplett neuer Datenstrang notwendig ist, um upgradefähig zu bleiben.

Auch wenn es zunächst kompliziert scheint, den gesamten Datenstrang zu kopieren und zu bearbeiten, bietet die grafische Modellierung auf der Datenbank den Vorteil, ganz ohne Code auszukommen (siehe Abschnitt 1.3.2). So können selbst Anwender ohne Entwicklungskenntnisse Views eigenständig »zusammenklicken«.

In Abschnitt 5.3.1 zeige ich Ihnen an einem Praxisbeispiel, wie eine SAP HANA Calculation View Schritt für Schritt erweitert wird.

5.2.2 ABAP-CDS-Erweiterung

Wie in Abschnitt 5.2.1 bereits angedeutet, bietet SAP eine einfache Möglichkeit, ABAP-CDS-Views zu erweitern. Dabei kann eine existierende Standard-View um kundeneigene Felder ergänzt werden, ohne die View selbst anzupassen. Dies bedeutet, dass Sie nicht wie bei SAP HANA Calculation Views den kompletten Datenfluss neu aufbauen, sondern nur eine Erweiterungs-View anlegen müssen.

In Abbildung 5.2 sehen Sie exemplarisch, wie die Standard-CDS-View ❶ *I_JOURNALENTRYITEMCUBE* mit einer ❷ Extended View erweitert werden könnte. Anschließend wird die vorhandene Query View *C_MARKETSEGMENTQ2501* ebenfalls durch eine ❸ Extended View erweitert.

In Abschnitt 5.3.2 sehen Sie anhand eines Praxisbeispiels, wie eine ABAP-CDS-View Schritt für Schritt erweitert wird.

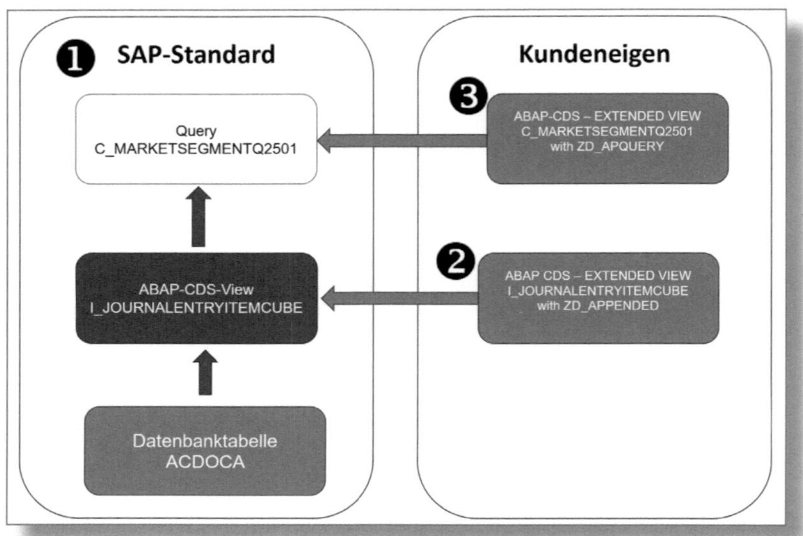

Abbildung 5.2: Erweiterung/Anpassung der ABAP-CDS-View – Standard vs. kundeneigen

5.2.3 Erweiterungen/Anpassungen via Customizing (SAP S/4HANA Financials)

Neben der Erweiterung durch Kopieren oder Extended Views besteht in seltenen Fällen auch die Alternative, existierende Datenstrukturen mittels Customizing anzupassen. Durch meine Arbeit als Berater im Bereich SAP S/4HANA Finance ist mir eine Option aus der Planung im Controlling-Umfeld bekannt:

SAP ermöglicht, die vorhandenen InfoProvider der Planung (Ist und Plan) um Felder aus den Tabellen ACDOCA (Istdaten) und *ACDOCP* (Plandaten) zu erweitern. Voraussetzung dafür ist, dass die Y- oder Z-Felder bereits in den zuvor genannten Tabellen enthalten sind. Nach der Generierung werden nachfolgende InfoProvider sowie die dazugehörigen Datenstränge (SAP HANA Calculation Views) automatisch erweitert. Es muss nur noch die jeweilige Query manuell angepasst werden.

- */ERP/SFIN_V01 – S/4HANA Financials: Istdaten aus ACDOCA*
- */ERP/SFIN_R01 – S/4HANA Financials: InfoCube für Plandaten*
- */ERP/SFIN_V20 – S/4HANA Financials: Plandaten aus ACDOCP*
- */ERP/SFIN_M01 – S/4HANA Financials: Plan- und Istdaten*

Somit kann diese Funktion für alle Queries angewendet werden, die auf diesen InfoProvidern aufsetzen, egal, ob es sich um Queries aus dem reinen Finanzwesen oder aus dem Controlling handelt.

Das hierfür notwendige Customizing ist unter nachfolgendem Pfad zu finden (siehe Abbildung 5.3):

SPRO • CONTROLLING • CONTROLLING ALLGEMEIN • PLANUNG • AUFSETZEN DER PLANUNG • INFOPROVIDER UM ZUSÄTZLICHE FELDER ERWEITERN.

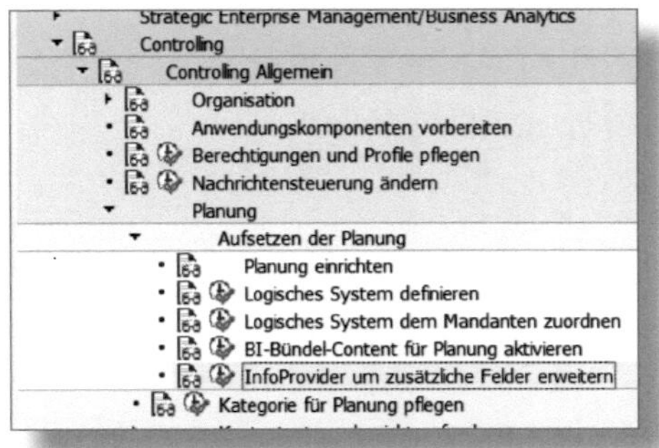

Abbildung 5.3: Customizing-Pfad – InfoProvider um zusätzliche Felder erweitern

Anschließend wählen Sie unter ❶ FELDNAME ein Feld aus den Tabellen ACDOCA und ACDOCP aus, das Sie den InfoProvidern hinzufügen möchten. Nach Auswahl und Bestätigung mit [F8] können Sie entscheiden, ob ein neues INFOOBJECT generiert oder ein existierendes verwendet werden soll. Darüber hinaus legen Sie fest, welchen InfoProvidern ❷ dieses Feld hinzugefügt wird. Nach dem Ausführen

F8 werden die SAP HANA Calculation Views sowie die InfoProvider automatisch erweitert (siehe Abbildung 5.4).

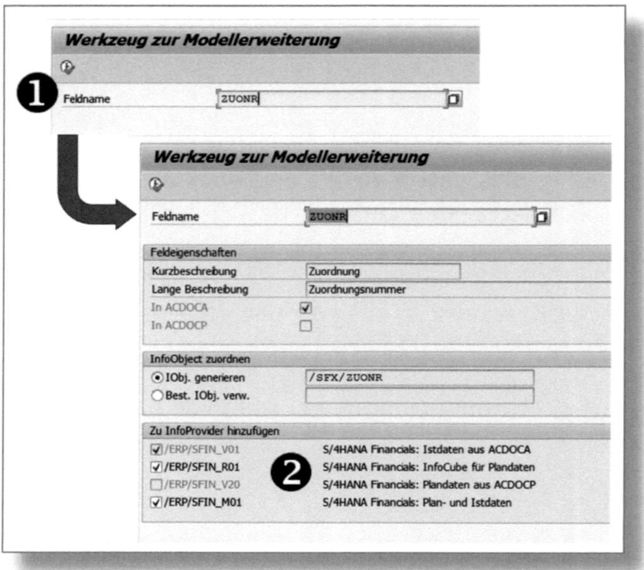

Abbildung 5.4: Customizing – InfoProvider ergänzen

5.3 Kundeneigene Felder am Beispiel eines CO-PA-/CO-MA-Berichts

Nachdem Sie in den vorherigen Abschnitten die Grundlagen der Erweiterungsmöglichkeiten von Views kennengelernt haben, möchte ich Ihnen anhand eines Praxisbeispiels Schritt für Schritt zeigen, wie Sie eine SAP HANA Calculation View und eine ABAP-CDS-View anpassen können.

Hierbei geht es um die Views, die sich hinter der SAP-Fiori-App »Marktsegmente – Istdaten« (»Market Segments – Actuals«, App-ID F0943A) verbergen. Ich habe dieses Beispiel bewusst gewählt, da gemäß meiner Erfahrung so gut wie kein Kunde in der Marktsegmentrechnung

(CO-PA oder CO-MA) ohne kundeneigene Merkmale auskommt. Letztere werden als Tabellenfeld in der Tabelle ACDOCA angelegt; sie sind jedoch nicht in den Standardberichten von SAP auswertbar, sodass kundeneigene Berichte angelegt werden müssen.

Die Views, auf denen die App »Marktsegmente – Istdaten« basiert, habe ich mithilfe der SAP Fiori Apps Reference Library und den Transaktionen *RSRT* und *RSA1* ermittelt (siehe Abschnitt 3.2). Nachfolgend zur Wiederholung die Schritte in Kurzform:

- SAP HANA Calculation View:
  - SAP Fiori Apps Reference Library ⇨ Implementation Information ⇨ BEx Query: /ERP/SFIN_V01_Q2501 (siehe Abschnitt 3.2.2)
  - Transaktion *RSRT* ⇨ Technische Informationen zur Query /ERP/SFIN_V01_Q2501 ⇨ Datenziel InfoProvider /ERP/SFIN_V01 (siehe Abschnitt 3.2.3)
  - Transaktion *RSA1* ⇨ Informationen zu InfoProvider /ERP/SFIN_V01 ⇨ SAP HANA Calculation View FCO_C_IBP_ACDOCA (siehe Abschnitt 1.2.3)
- ABAP-CDS-View:
  Transaktion *RSRT* ⇨ Suche nach *Q2501* ⇨ Query CCFIMARKSEGMQ2501 ⇨ Technische Informationen zu Query CCFIMARKSEGMQ2501 ⇨ DDL-Quelle Query C_MARKETSEGMENTQ2501, DDL-Quelle Cube I_JOURNALENTRYITEMCUBE (siehe Abschnitt 3.2.3)

Für das Praxisbeispiel habe ich ein kundeneigenes Merkmal, *WWREF – Referenz* (siehe Abbildung 5.5), der Ergebnisrechnung hinzugefügt und entsprechend aktiviert. Mit der Aktivierung wird die Tabelle ACDOCA um dieses Feld erweitert; damit Sie es nun auch im Reporting nutzen können, müssen die Datenstrukturen entsprechend erweitert werden. In den nachfolgenden Abschnitten möchte ich Ihnen zeigen, wie Sie dies mithilfe einer SAP HANA Calculation View oder einer ABAP-CDS-View erreichen.

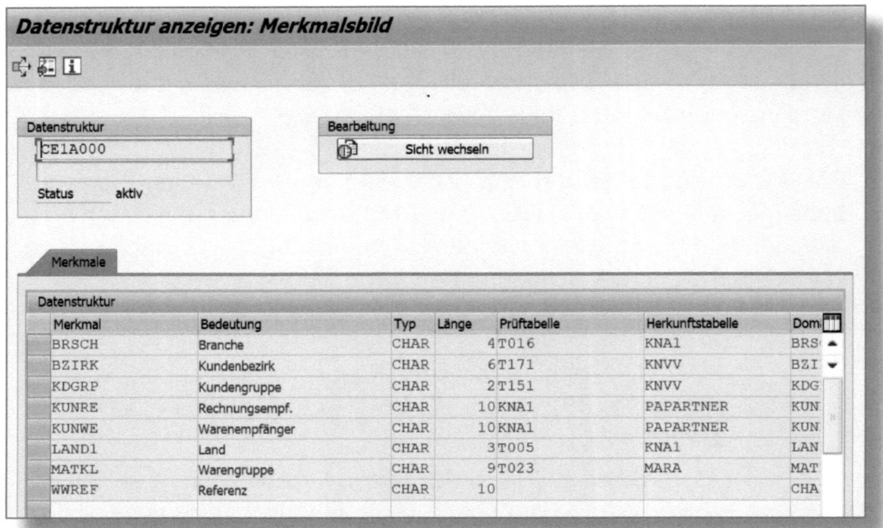

Abbildung 5.5: Datenstruktur des Ergebnisbereichs – kundeneigenes Merkmal »WWREF – Referenz«

5.3.1 Kundeneigene Felder mit SAP-HANA-Calculation-View-Erweiterung

In Abschnitt 5.2.1 bin ich näher auf die eingeschränkten Anpassungsmöglichkeiten von SAP HANA Calculation Views eingegangen; d. h., für eine upgradekonforme Erweiterung der Datenstrukturen müssen bestehende Views kopiert und entsprechend erweitert werden. Dafür sind folgende Schritte nötig:

1. SAP HANA Calculation View kopieren und anpassen
2. InfoObjects für Merkmal anlegen
3. InfoProvider kopieren und ergänzen
4. BEx Query anlegen
5. SAP-Fiori-App anlegen

6. Rolle erstellen

7. Ergebnis im SAP Fiori Launchpad anzeigen

1. SAP HANA Calculation View kopieren und anpassen

Als Erstes muss die bestehende SAP HANA Calculation View kopiert und um das neue Merkmal ergänzt werden. In unserem Fall handelt es sich um die SAP HANA Calculation View *FCO_C_IBP_ACDOCA* (siehe Abschnitt *5.3*).

Dazu melden Sie sich mit Eclipse an der Datenbank Ihres SAP-Systems an (siehe Abschnitt *4.1.2*). Die View *FCO_C_IBP_ACDOCA* finden Sie unter dem in Abbildung 5.6 gezeigten Pfad.

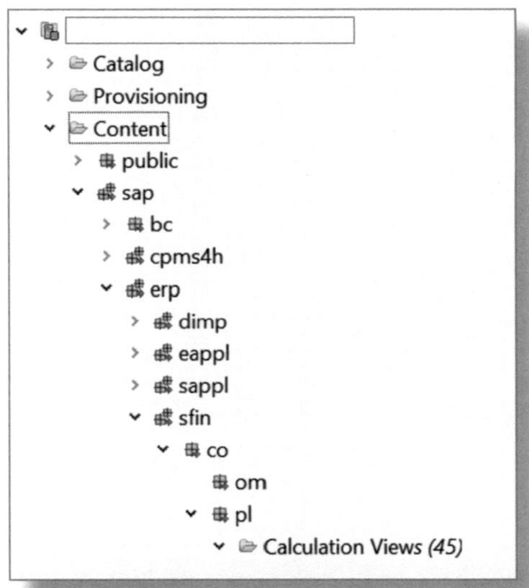

Abbildung 5.6: Datenstruktur der HANA-Datenbank in SAP S/4HANA – Finance Calculation Views

Anschließend kopieren Sie die View, indem Sie mit der rechten Maustaste auf selbige klicken und ❶ Copy wählen (alternativ [Strg] + [C]). Im nächsten Schritt müssen Sie die View in ein kundeneigenes Paket einfügen. In unserem Beispiel legen wir dafür das Paket *ZANALYTICS* an und fügen die View wieder in das Paket ein, indem wir mit der rechten Maustaste auf die View klicken und PASTE wählen. Dann vergeben wir den technischen Namen ❷ *ZFCO_C_IBP_ACDOCA* (siehe Abbildung 5.7).

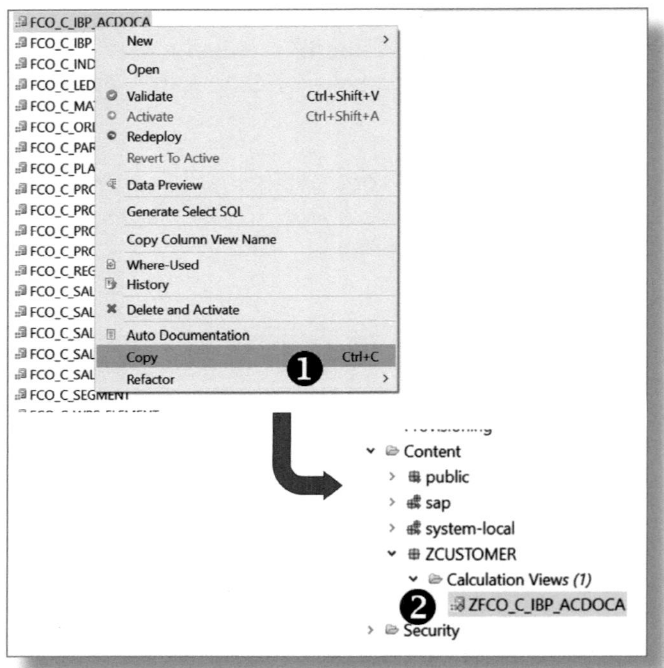

Abbildung 5.7: Kopieren und Einfügen einer SAP HANA Calculation View

Nachdem die View kopiert und eingefügt worden ist, muss das CO-PA-Merkmal zur Ausgabe hinzugefügt werden. In diesem Beispiel öffnen Sie dazu die View per Doppelklick im Bearbeitungsmodus und fügen im JOIN ACDOCA das Feld WWREF_PA mit einem Rechtsklick und dem Befehl PROPAGATE TO SEMANTICS der Ausgabe hinzu (siehe Abbildung 5.8).

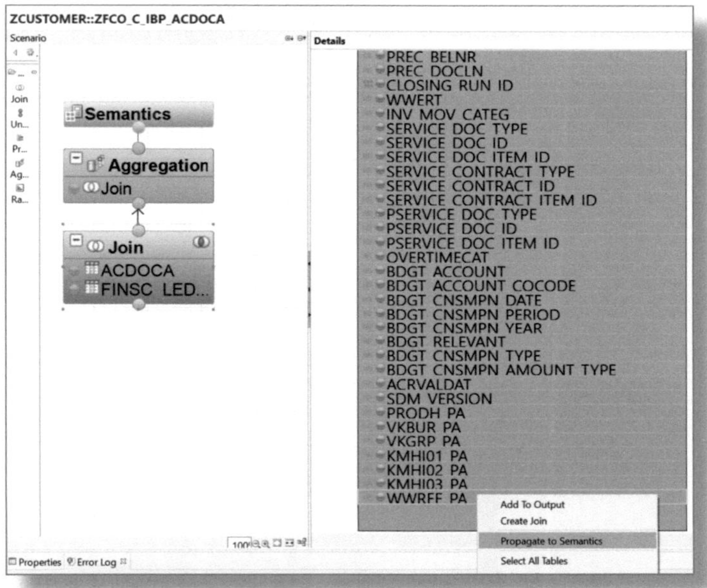

Abbildung 5.8: Eclipse-Editor – Feld »WWREF_PA« zur Ausgabe hinzufügen (»Propagate to Semantics«)

Damit wird das Feld bis hin zur Ausgabe automatisch aktiviert. Im letzten Schritt muss das Feld typisiert und die View aktiviert werden. Dazu klicken Sie auf das Objekt ❶ SEMANTICS und vergeben unter ❷ COLUMNS den entsprechenden TYP eines Feldes, in unserem Beispiel erhält das Feld WWREF_PA den Typ ❸ *Attribute* (siehe Abbildung 5.9).

Abschließend muss die View aktiviert werden. Das Ergebnis können Sie sich via Data Preview (mit Rechtsklick auf die View und OPEN WITH • DATA PREVIEW) anzeigen lassen. In unserem Beispiel wird als Inhalt korrekterweise *ANALYTICS* ausgegeben (siehe Abbildung 5.10).

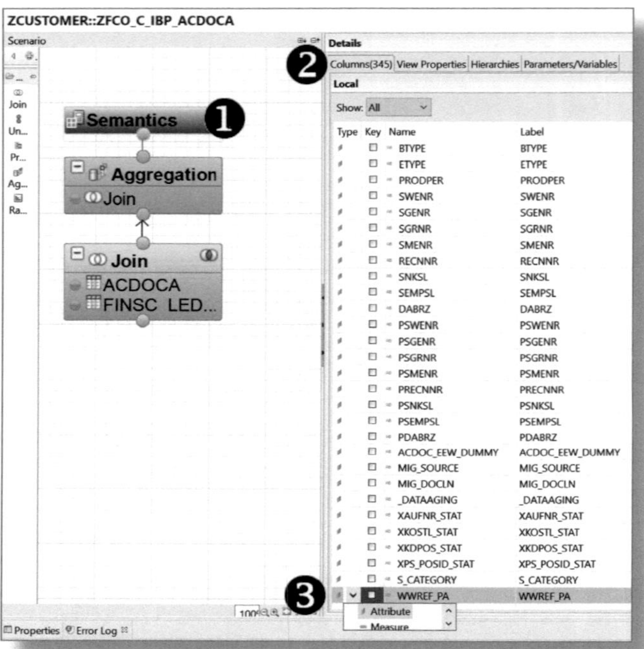

Abbildung 5.9: Typisierung der Felder in der SAP HANA Calculation View

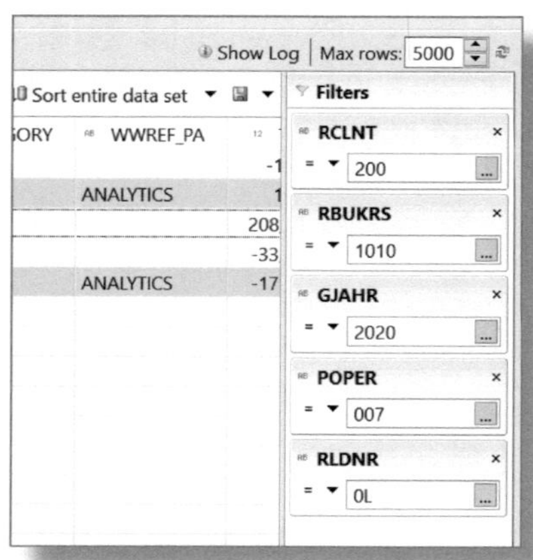

Abbildung 5.10: Ergebnis der Erweiterung der View »ZFCO_C_IBP_ACDOCA« um das Feld »WWREF_PA«

2. InfoObjects für Merkmal anlegen

Bevor wir den InfoProvider kopieren und um das Feld WWREF_PA erweitern, muss ein InfoObject für ebendieses angelegt werden. Hierzu müssen Sie sich an Ihrem SAP-S/4HANA-System mit den *Modeling Tools for SAP BW/4HANA* via Eclipse anmelden. Nach der Anmeldung können Sie das InfoObject erstellen, indem Sie mit der rechten Maustaste auf eine InfoArea klicken und ❶ NEU • INFOOBJECT wählen. In meinem Beispiel habe ich das InfoObject ❷ *ZREFERENZ* genannt und den Datentyp *CHAR* mit der Länge *10* vergeben. Der Datentyp und die Zeichenlänge sind identisch mit denen des Merkmals im CO-MA (siehe Abbildung 5.11).

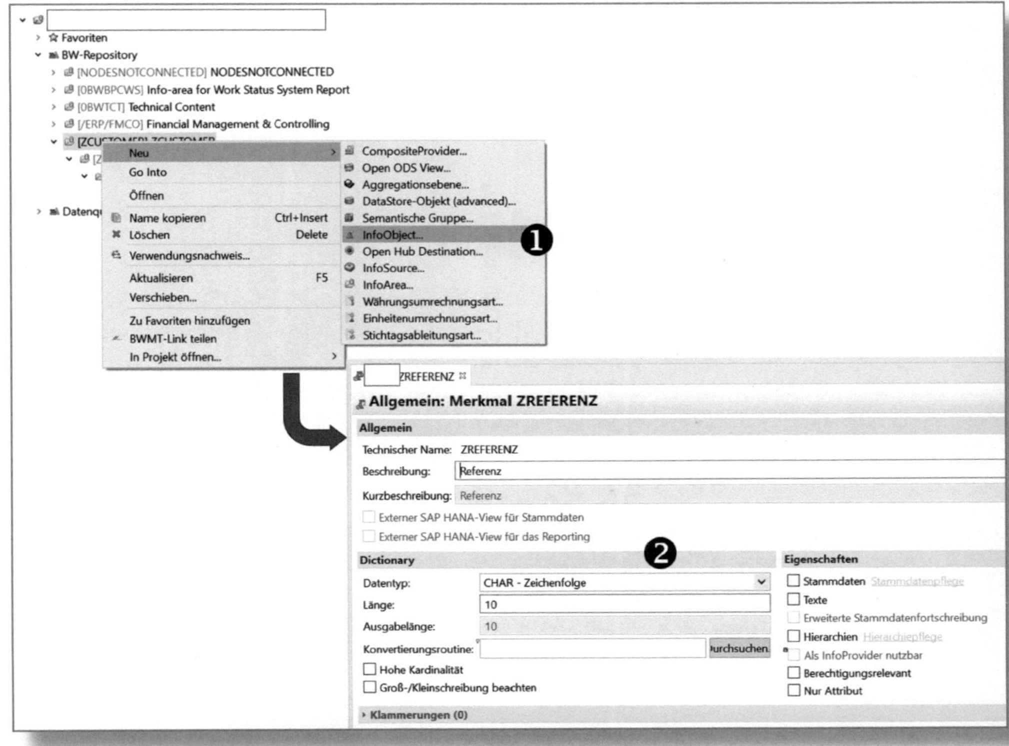

Abbildung 5.11: InfoObject anlegen in Eclipse

Nach dem Speichern können Sie das InfoObject auch in SAP GUI in der Transaktion *RSA1* sehen (siehe Abbildung 5.12).

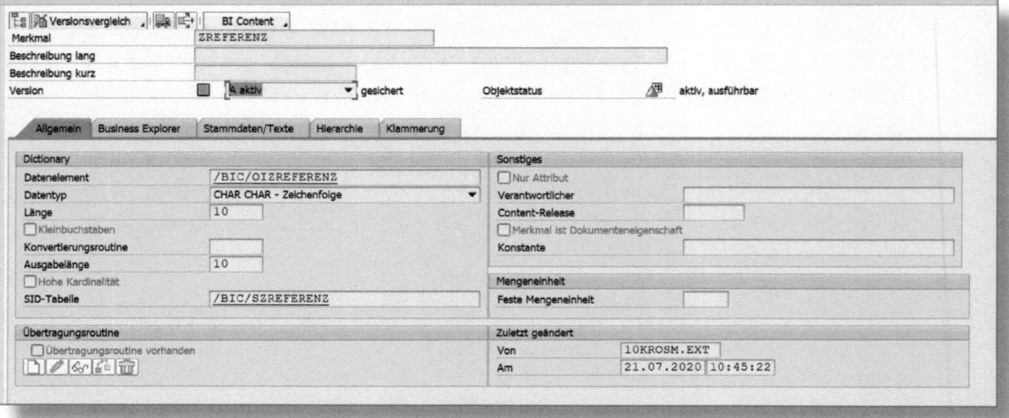

Abbildung 5.12: InfoObject »ZREFERENZ« in SAP S/4HANA

3. InfoProvider kopieren und ergänzen

Nach Erstellung des InfoObjects können Sie den InfoProvider nun kopieren und anpassen. Dazu rufen Sie die Transaktion *RSA1* auf und navigieren zu den InfoProvidern. Der InfoProvider /ERP/SFIN_V01 befindet sich in der InfoArea Financials (/ERP/SFIN). Klicken Sie mit der rechten Maustaste auf den InfoProvider und wählen Sie Kopieren…, um den InfoProvider zu übernehmen (siehe Abbildung 5.13).

Anschließend werden Sie aufgefordert, für den InfoProvider einen Namen zu vergeben und die InfoArea auszuwählen, in die der InfoProvider übernommen werden soll. Ich habe hier den Namen ❶ *ZSFINV01* und die InfoArea *ZCO* gewählt. Bevor der InfoProvider gespeichert wird, legen Sie fest, dass es sich hierbei um einen VirtualProvider handelt und diesem eine SAP HANA Calculation View (Basierend auf SAP HANA-View) als Grundlage dient. Die SAP-HANA-View können Sie über den Button ❷ Details auswählen. Es öffnet sich ein neues Fenster, in dem ich die zuvor kopierte SAP-HANA-View ❸ *ZFCO_C_IBP_ACDOCA* ausgewählt habe (siehe Abbildung 5.14).

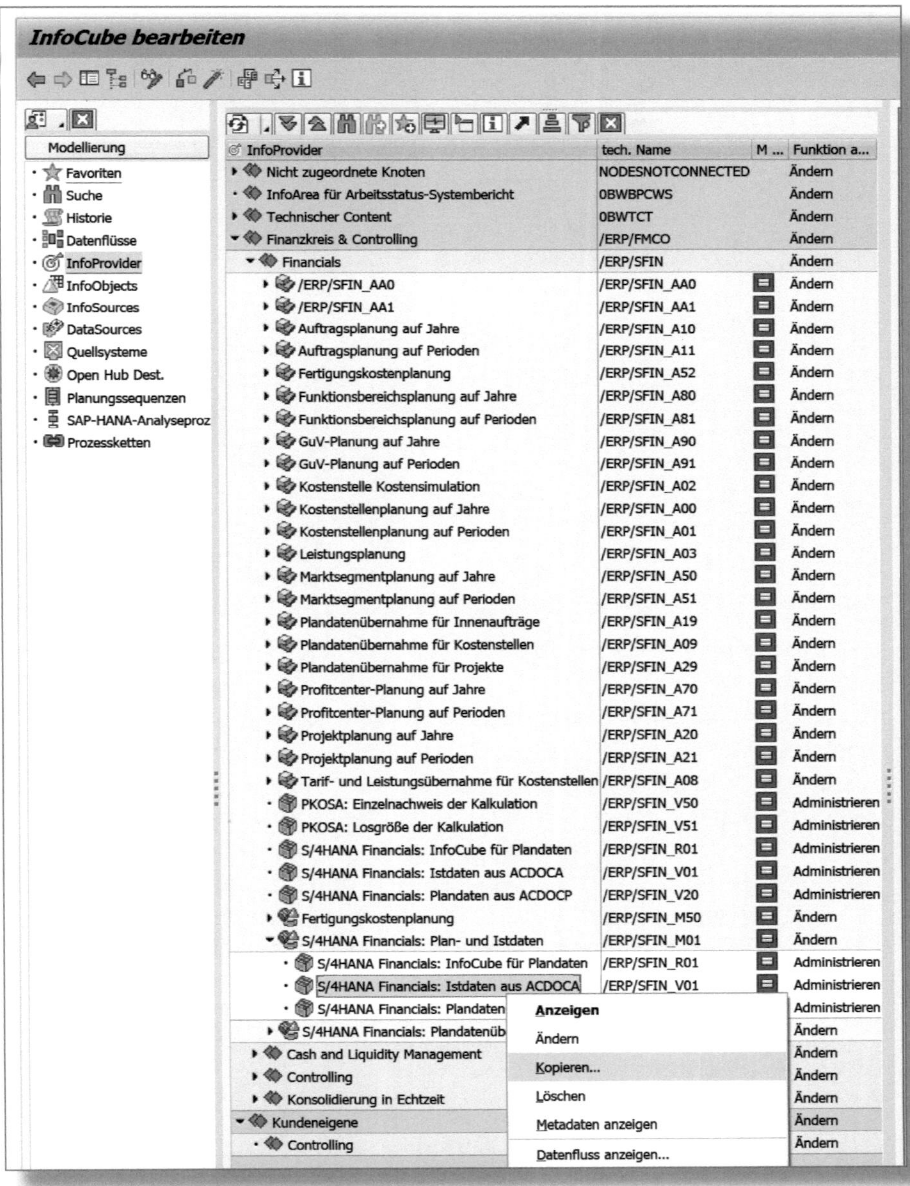

Abbildung 5.13: InfoProvider »/ERP/SFIN_V01« kopieren

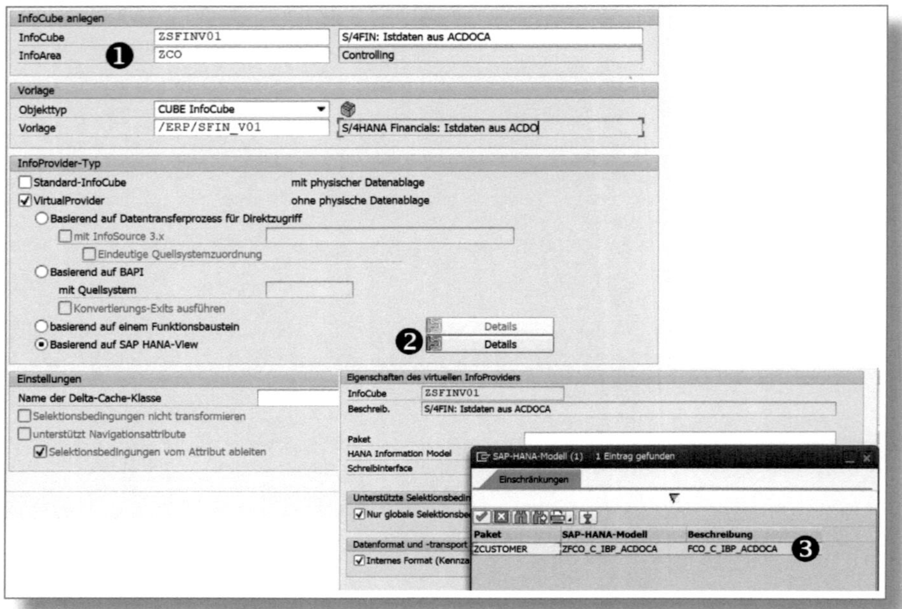

Abbildung 5.14: InfoProvider »ZSFINV01« – Eigenschaften definieren

Nachdem der InfoProvider kopiert worden ist, kann das zuvor angelegte InfoObject *ZREFERENZ* hinzugefügt und das Mapping des SAP-HANA-Feldes vorgenommen werden. Hierfür öffnen Sie den InfoProvider mit einem Doppelklick und legen eine neue Dimension an, indem Sie mit der rechten Maustaste auf DIMENSION klicken und eine ❶ NEUE DIMENSION ANLEGEN. Ich habe die neue Dimension *Kundeneigene* genannt. Jetzt fügen Sie dieser Dimension das InfoObject *ZREFERENZ* hinzu, indem Sie mit der rechten Maustaste auf das InfoObject klicken und ❷ DIREKTEINGABE INFOOBJECTS wählen. Als Ergebnis wird das ❸ InfoObject *ZREFERENZ* in der Dimension KUNDENEIGENE angezeigt (siehe Abbildung 5.15).

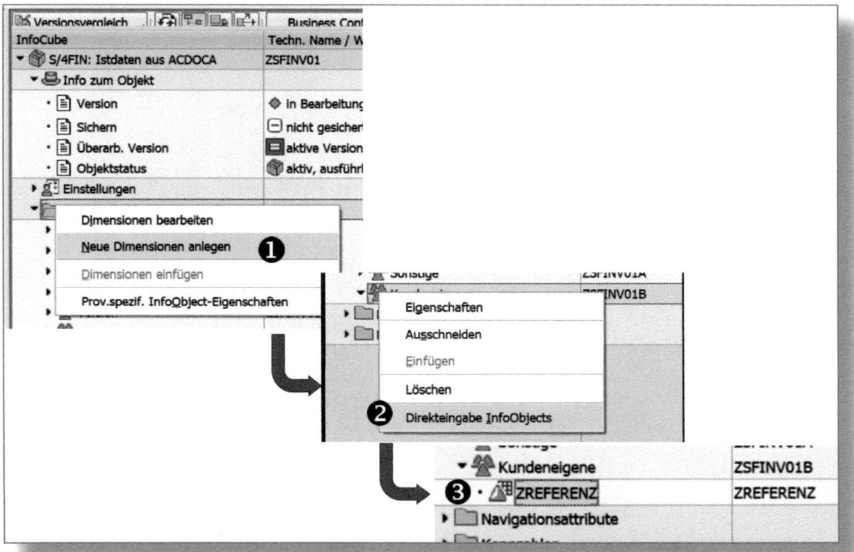

Abbildung 5.15: Dimension und InfoObject zu InfoProvider »ZSFINV01« anlegen und hinzufügen

Abschließend müssen Sie nur noch das Mapping des SAP-HANA-Feldes zum InfoObject definieren. Hierfür klicken Sie mit der rechten Maustaste auf DIMENSIONEN und wählen ❶ PROV.SPEZIF. INFO-OBJECT-EIGENSCHAFTEN. Im nächsten Dialog können Sie den Info-Objects ein SAP-HANA-Attribut/-Feld zuweisen, in unserem Beispiel ordnen Sie das SAP-HANA-Feld ❷ *WWREF_PA* dem InfoObject *ZREFERENZ* zu (siehe Abbildung 5.16).

Nach Aktivierung des InfoProviders sehen Sie das Ergebnis, wenn Sie mit der rechten Maustaste auf den InfoProvider klicken und sich anschließend die ❶ DATEN ANZEIGEN lassen. Hier wird korrekterweise ❷ *ANALYTICS* als Ergebnis ausgegeben (siehe Abbildung 5.17).

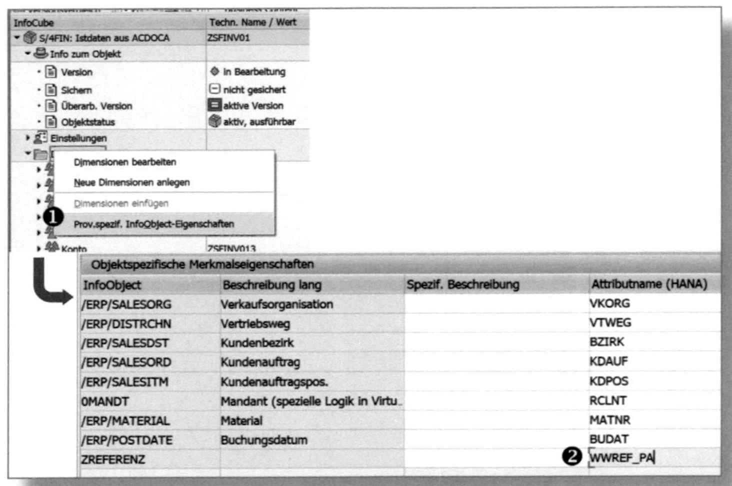

InfoObject	Beschreibung lang	Spezif. Beschreibung	Attributname (HANA)
/ERP/SALESORG	Verkaufsorganisation		VKORG
/ERP/DISTRCHN	Vertriebsweg		VTWEG
/ERP/SALESDST	Kundenbezirk		BZIRK
/ERP/SALESORD	Kundenauftrag		KDAUF
/ERP/SALESITM	Kundenauftragspos.		KDPOS
0MANDT	Mandant (spezielle Logik in Virtu…		RCLNT
/ERP/MATERIAL	Material		MATNR
/ERP/POSTDATE	Buchungsdatum		BUDAT
ZREFERENZ		❷	WWREF_PA

Abbildung 5.16: Mapping – InfoObject zu SAP-HANA-Attribut/-Feld

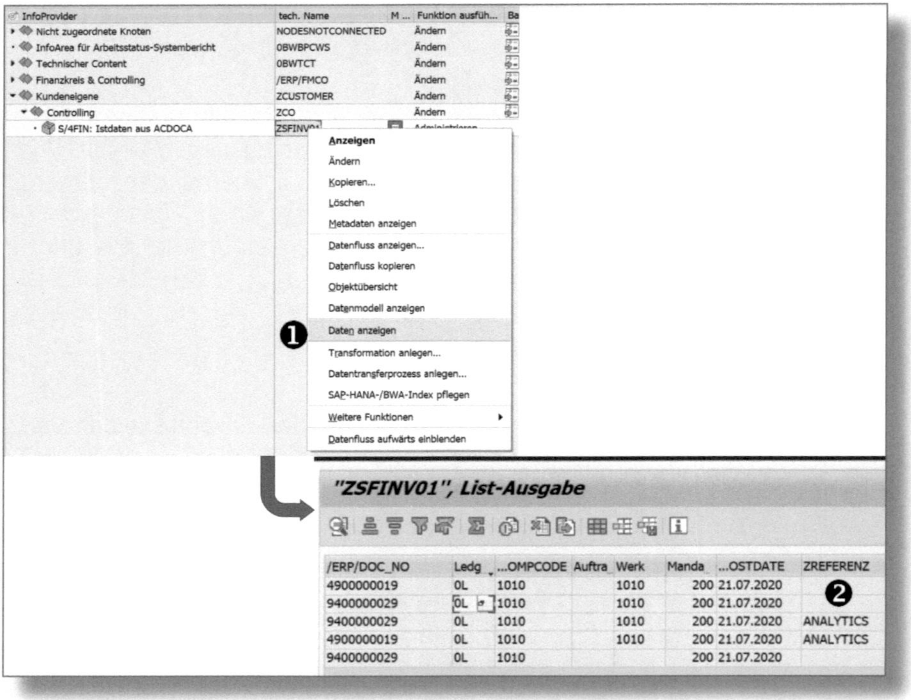

InfoProvider	tech. Name	Funktion ausfüh...
Nicht zugeordnete Knoten	NODESNOTCONNECTED	Ändern
InfoArea für Arbeitsstatus-Systembericht	0BWBPCWS	Ändern
Technischer Content	0BWTCT	Ändern
Finanzkreis & Controlling	/ERP/FMCO	Ändern
Kundeneigene	ZCUSTOMER	Ändern
Controlling	ZCO	Ändern
S/4FIN: Istdaten aus ACDOCA	ZSFINV01	

Anzeigen
Ändern
Kopieren...
Löschen
Metadaten anzeigen
Datenfluss anzeigen...
Datenfluss kopieren
Objektübersicht
Datenmodell anzeigen
❶ Daten anzeigen
Transformation anlegen...
Datentransferprozess anlegen...
SAP-HANA-/BWA-Index pflegen
Weitere Funktionen
Datenfluss aufwärts einblenden

"ZSFINV01", List-Ausgabe

/ERP/DOC_NO	Ledg	...OMPCODE	Auftra	Werk	Manda	...OSTDATE	ZREFERENZ
4900000019	0L	1010		1010	200	21.07.2020	❷
9400000029	0L	1010		1010	200	21.07.2020	
9400000029	0L	1010		1010	200	21.07.2020	ANALYTICS
4900000019	0L	1010		1010	200	21.07.2020	ANALYTICS
9400000029	0L	1010			200	21.07.2020	

Abbildung 5.17: Ergebnis im InfoProvider »ZSFINV01«

4. BEx Query anlegen

Im vorletzten Schritt muss eine BEx Query (siehe Abschnitt 7.5) angelegt werden, um diese anschließend im SAP Fiori Launchpad aufzurufen. Dazu öffnen Sie den *BEx Query Designer* und melden sich an Ihrem SAP-S/4HANA-System an. Anschließend können Sie für den zuvor erstellten InfoProvider eine Query erstellen.

Für unser Beispiel habe ich mich an der Query */ERP/SFIN_V01_Q2501* orientiert, dieselben Merkmale ausgewählt und der Query hinzugefügt (siehe Abbildung 5.18).

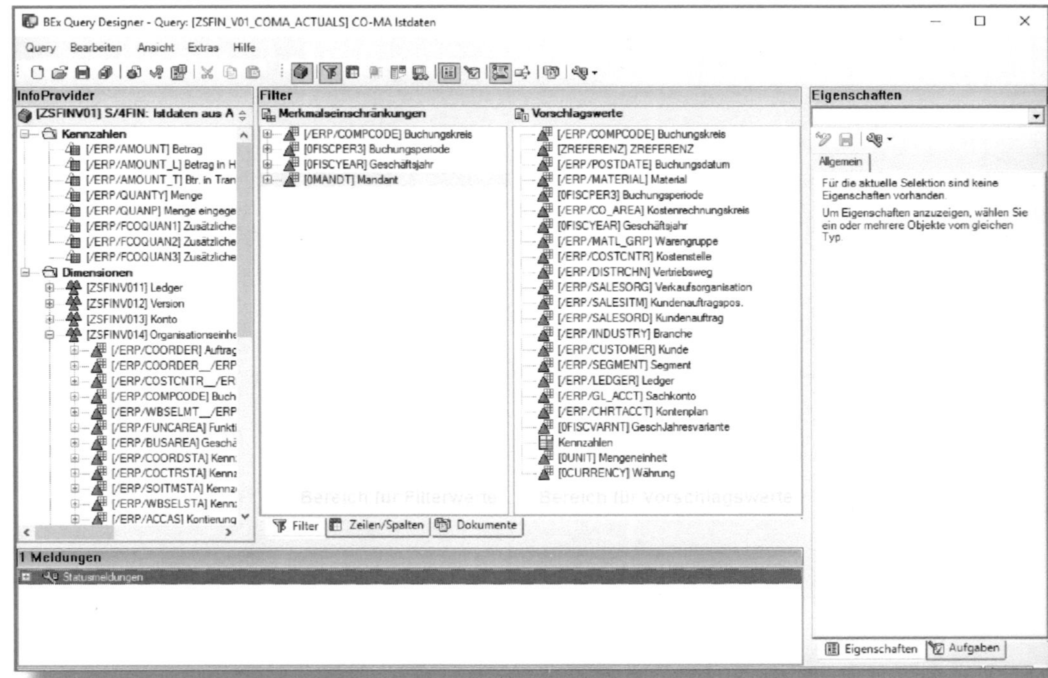

Abbildung 5.18: Query »ZSFIN_V01_COMA_ACTUALS«

Das Merkmal REFERENZ habe ich neben KUNDENAUFTRAG, KUNDENAUFTRAGSPOS. und SACHKONTO als Zeile definiert (siehe Abbildung 5.19).

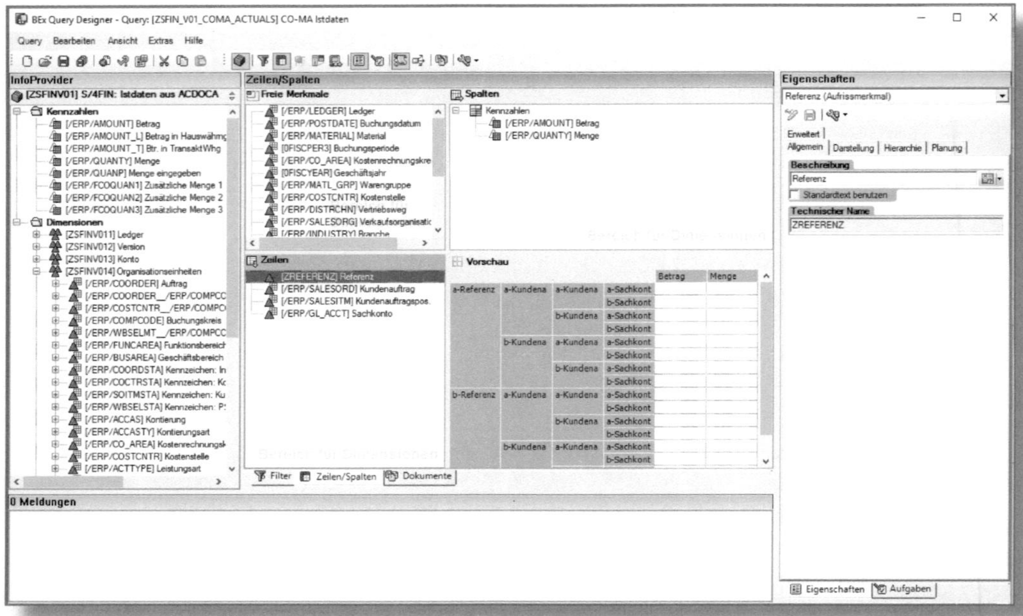

Abbildung 5.19: Zeilen für die Query »ZSFIN_V01_COMA_ACTUALS«

Automatisches Speichern

Datei Start Einfügen Zeichnen Seitenlayout Formeln Daten Überprüfen Ansicht Hilfe Analysis

Datenquelle einfügen · Alles aktualisieren · Anlegen · Neu laden · Hinzufügen · Rückgängig · Wiederherstellen · Meldungen · Parameter & Variablen · Filtern · Sortieren · Hierarchie · Berechnungen · Verbinden

Datenquelle · Aktionen · Datenanalyse · Verbinden

J11

	A	B	C	D	E	F	G
1						Betrag	Menge
2	**Referenz**	**Kundenauftrag**	**Kundenauftragspos.**	**Sachkonto**		EUR	ST
3	ANALYTICS	109	10	Erlöse Inl. - Erzeu.	YCOA/41000000	-702,00	-40
4				Verbr. Handelsware	YCOA/51600000	540,00	40
5				**Ergebnis**		**-162,00**	**0**
6			**Ergebnis**			**-162,00**	**0**
7		**Ergebnis**				**-162,00**	**0**

Abbildung 5.20: SAP Analysis for Microsoft Office in Microsoft Excel

Bevor wir im nächsten Schritt die SAP-Fiori-Kachel anlegen, habe ich die Query mittels »SAP Analysis for Microsoft Office« (siehe Abschnitt 7.4.2) in Microsoft Excel getestet. Auch hier wird das Feld *Referenz* korrekt angezeigt (siehe Abbildung 5.20).

5. SAP-Fiori-App anlegen

Im letzten Schritt legen wir eine SAP-Fiori-Kachel an, mit der die zuvor erzeugte Query via SAPUI5-Applikation *FIN_DS_ANALYZE* (siehe Abschnitt 2.2) aufgerufen werden kann. Bevor Sie die Kachel erstellen können, müssen Sie noch ein *semantisches Objekt* für die Zielzuordnung der SAP-Fiori-Kachel erzeugen. Wenn eine Kachel z. B. eine SAPUI5-Applikation oder einen OData-Service aufrufen soll, müssen Sie eine Zielzuordnung definieren. Hierfür braucht es semantische Objekte, die dazu dienen, die Zielzuordnung zu strukturieren. Um ein semantisches Objekt anzulegen, rufen Sie die Transaktion */UI2/SEMOBJ* auf. Anschließend können Sie einen Namen vergeben und das Objekt speichern. Für unser Beispiel habe ich das Objekt *Analytics* genannt (siehe Abbildung 5.21).

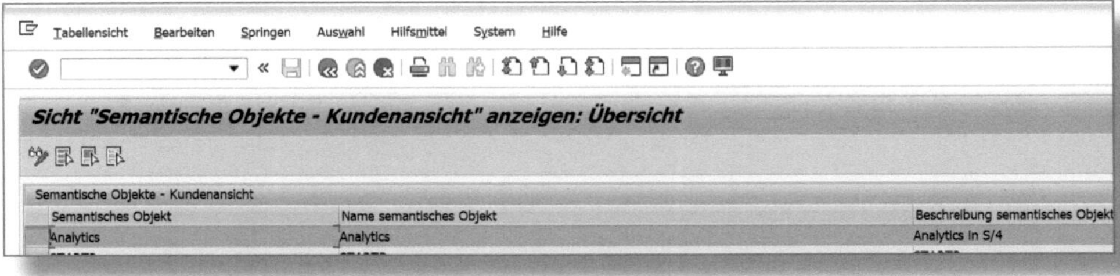

Abbildung 5.21: Semantisches Objekt anlegen

Jetzt können Sie die Kachel im SAP Fiori Launchpad Designer erstellen. Rufen Sie hierfür die Transaktion */ui2/flpd_cust* auf, um den Designer zu starten. Wichtig hierbei ist, dass Sie zum Ausführen ins Kommandofeld */n* eingeben, damit die Transaktion gestartet werden kann, also */n/ui2/flpd_cust* (siehe Abbildung 5.22).

Abbildung 5.22: SAP Fiori Launchpad Designer

Abbildung 5.23: SAP-Fiori-Kachelkatalog anlegen

Nachdem sich der SAP Launchpad Designer im Browser geöffnet hat, müssen Sie im ersten Schritt (falls noch nicht vorhanden) einen kundeneigenen *Kachelkatalog* erstellen. Für unser Beispiel habe ich diesen ❶ *ZANALYTICS* genannt. Über das Feld mit dem ❷ +-Symbol legen Sie anschließend eine Kachel im Katalog an (siehe Abbildung 5.23). Als Kachel wählen Sie ❶ APP-LAUNCHER – STATISCH aus. Dann legen Sie einen Namen sowie die semantische Objektnavigation fest. Für unser Beispiel habe ich die Kachel *Marktsegment* mit dem Untertitel *Analytics in S/4* genannt. SEMANTISCHES OBJEKT ist das zuvor angelegte Objekt ❷ *ZANALYTICS* mit der AKTION *analyze*; die Aktion kann frei gewählt werden (siehe Abbildung 5.24).

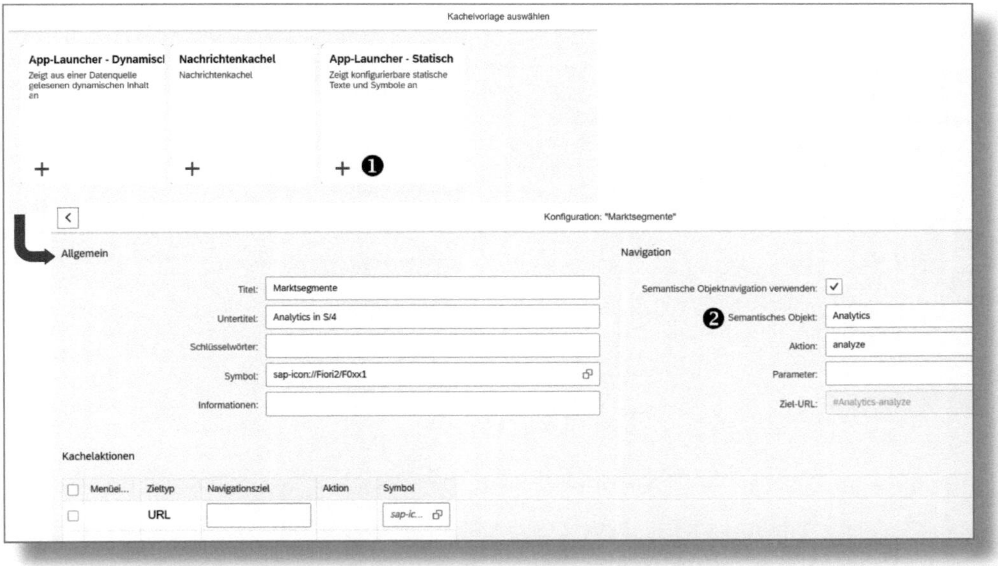

Abbildung 5.24: Statische SAP-Fiori-Kachel erstellen

Abschließend müssen Sie nur noch die Zielzuordnung bestimmen. Hierzu wechseln Sie zum Bereich ZIELZUORDNUNGEN und klicken auf ❶ ZIELZUORDNUNG ANLEGEN. Im nächsten Fenster wählen Sie als semantisches Objekt wieder ❷ *Analytics* mit der AKTION *analyze* aus. Als ❸ ANWENDUNGSTYP nehmen Sie *SAPUI5-Fiori-App* und geben als URL den Pfad */sap/bc/ui5_ui5/sap/FIN_DS_ANALYZE* ein. Die ID lautet *fin.acc.query.analyze*. Diese Werte können Sie auch den IMPLEMENTATION INFORMATION in der SAP Fiori Apps Reference Library der App »Market Segments – Actuals« (App-ID F0943A) entnehmen (siehe Abschnitt 2.3, Unterpunkt »SAP-Fiori-App konfigurieren«). Als PARAMETER ❹ müssen Sie *XQUERY* und *XSYSTEM* einfügen. In unserem Fall wird für den PARAMETER *XQUERY* als STANDARDWERT der technische Name der BEx Query *ZSFIN_V01_COMA_ACTUALS* und für *XSYSTEM* der Wert *LOCAL* gewählt. Anschließend speichern Sie die Konfiguration und schließen den SAP Fiori Launchpad Designer (siehe Abbildung 5.25).

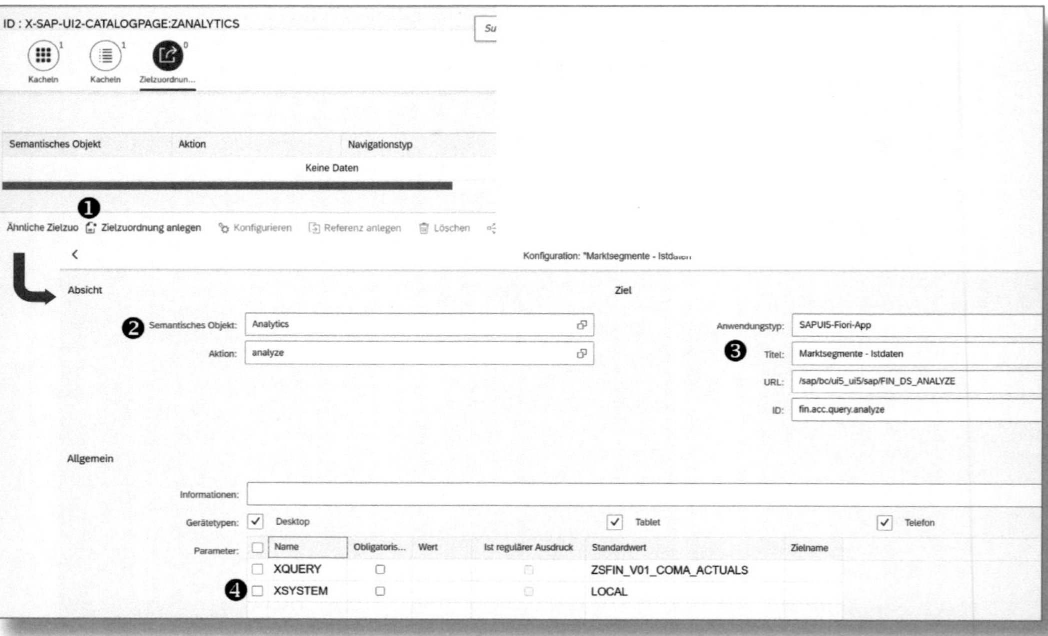

Abbildung 5.25: Zielzuordnung definieren

6. Rolle anlegen

Bevor Sie die SAP-Fiori-App im SAP Fiori Launchpad öffnen können, müssen Sie eine Rolle anlegen und diese einem Benutzer zuordnen. Rufen Sie hierfür die Transaktion *PFCG* auf und legen Sie eine neue EINZELROLLE an (in unserem Beispiel *Z_ANALYTICS_S4*). Auf der Registerkarte Menü können Sie der Rolle anschließend den ❶ SAP Fiori Kachelkatalog ❷ *ZANALYTICS* hinzufügen. Jetzt müssen Sie die Rolle nur noch Ihrem Benutzer zuordnen, beispielsweise über die Registerkarte Benutzer (siehe Abbildung 5.26).

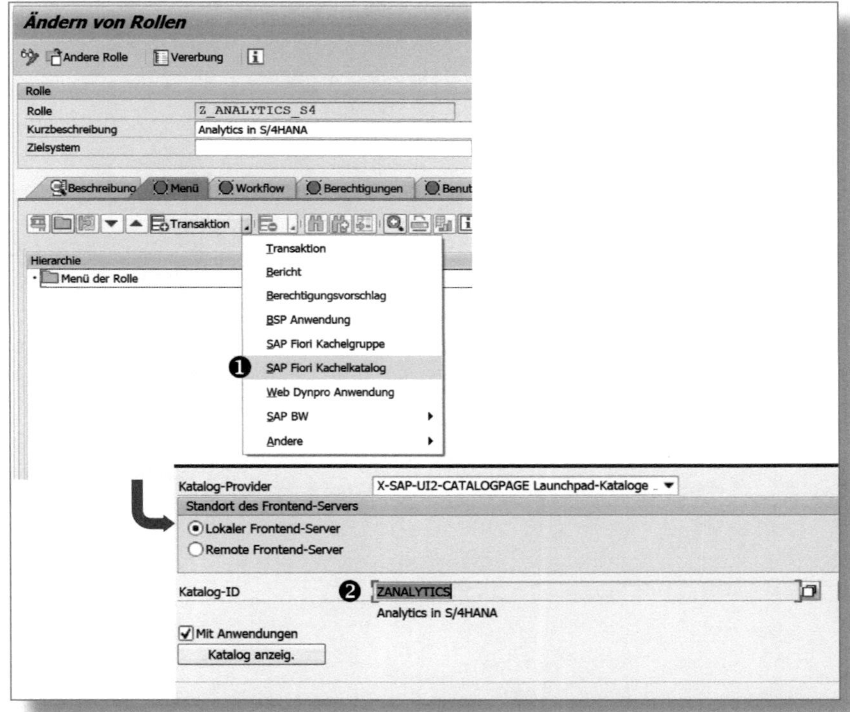

Abbildung 5.26: Rolle »Z_ANALYTICS_S4« für SAP-Fiori-Katalog anlegen

7. Ergebnis im SAP Fiori Launchpad

Rufen Sie im letzten Schritt das SAP Fiori Launchpad auf und fügen Sie den Katalog über den *App Finder* Ihrer Startseite hinzu (siehe Abbildung 5.27).

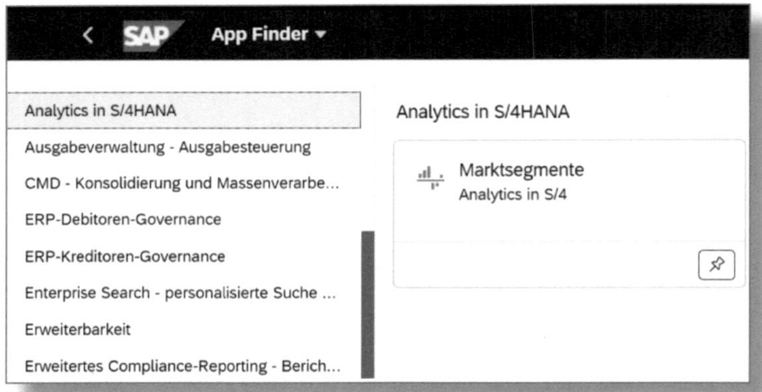

Abbildung 5.27: SAP-Fiori-Kachel »Marktsegmente« im App Finder

Wenn Sie die App starten, werden Ihnen die Parameter zur Auswahl angegeben, die Sie in der BEx Query definiert haben. Als Ergebnis wird nun korrekterweise in der Zeile Referenz *ANALYTICS* angezeigt (siehe Abbildung 5.28).

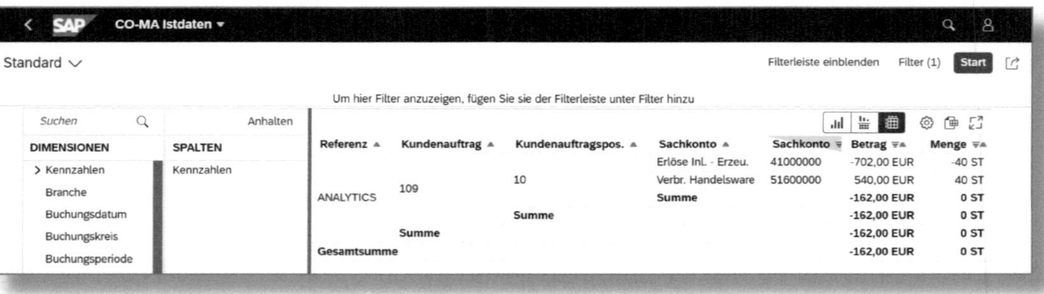

Abbildung 5.28: Ergebnis der SAP-Fiori-App »Marktsegmente«

5.3.2 Kundeneigene Felder mit ABAP-CDS-View-Erweiterung

In diesem Abschnitt möchte ich Ihnen nun zeigen, wie Sie eine existierende View mit Extended Views erweitern. Die notwendigen Schritte erläutere ich dabei wieder an dem in Abschnitt 5.3 verwendeten Beispiel, der Erweiterung der SAP-Fiori-App »Marktsegmente – Istdaten«.

Um die Query *CCFIMARKSEGMQ2501* zu erweitern, die auf der DDL-Quelle-Query *C_MARKETSEGMENTQ2501* basiert, müssen Sie zunächst die View *I_JOURNALENTRYITEMCUBE* um das kundeneigene Feld WWREF – REFERENZ erweitern, damit Sie dieses anschließend in der darauf aufsetzenden View *C_MARKETSEGMENTQ2501* einfügen können. Dafür sind folgende Schritte durchzuführen (siehe Abschnitt 5.3):

1. ABAP-CDS-Cube *I_JOURNALENTRYITEMCUBE* erweitern
2. ABAP-CDS-Query *C_MARKETSEGMENTQ2501* erweitern
3. SAP-Fiori-App anlegen
4. Rolle erweitern
5. Ergebnis im SAP Fiori Launchpad sichtbar

Buchtipp »SAP-Praxishandbuch ABAP Core Data Services (CDS)«

Falls Sie tiefer in das Thema »ABAP CDS« und die zugehörige Technik einsteigen möchten, empfehle ich Ihnen das Buch »SAP-Praxishandbuch ABAP Core Data Services (CDS)« (Gerbershagen, Espresso Tutorials, 2020).

1. ABAP-CDS-Cube »I_JOURNALENTRYITEMCUBE« erweitern

Im ersten Schritt erweitern wir die View *I_JOURNALENTRYITEMCUBE* um das Feld WWREF – REFERENZ. Öffnen Sie dafür Eclipse und melden Sie sich mittels ABAP an Ihrem SAP-S/4HANA-System an. Sie erstellen nun ein neues Projekt (siehe Abschnitt *4.1.2*).

Anschließend legen Sie in einem kundeneigenen Paket eine neue View an (siehe Abbildung 5.29), indem Sie mit der rechten Maustaste auf das Paket klicken und anschließend ❶ NEW • OTHER ABAP REPOSITORY OBJEKT • ❷ CORE DATA SERVICES • DATA DEFINITION wählen.

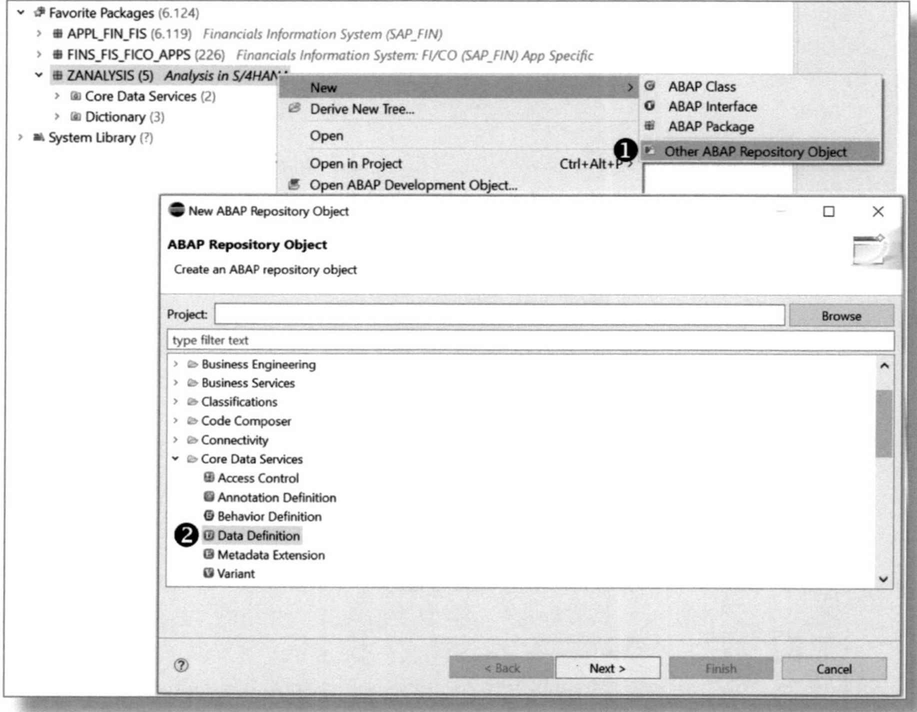

Abbildung 5.29: Neue ABAP-CDS-View anlegen

Für unser Beispiel habe ich diesen Schritt im Paket *ZANALYSIS* ausgeführt. Im nächsten Fenster müssen Sie zunächst einen kundeneigenen ❶ Namen und eine Beschreibung vergeben. Bevor Sie die View anlegen, werden Sie noch gefragt, um welche Art es sich dabei handelt; hier wählen Sie ❷ EXTEND VIEW aus und bestätigen mit FINISH (siehe Abbildung 5.30). Ich habe die View in unserem Beispiel *ZDDL_EXT_JRNLITEMCUBE* genannt und in der Beschreibung aufgeführt, für welche View diese Erweiterung gilt.

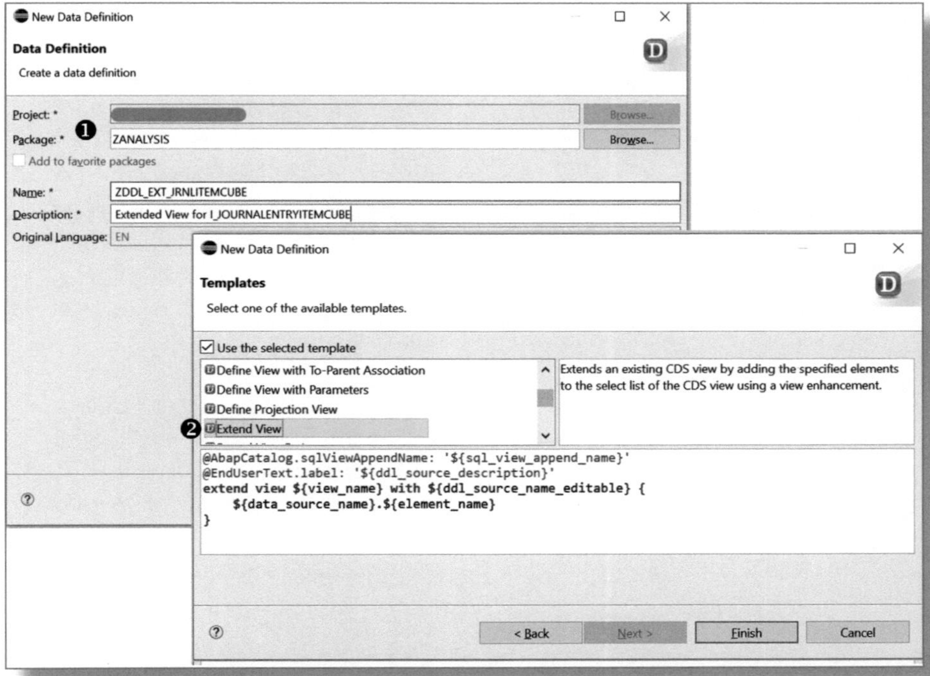

Abbildung 5.30: Extend View anlegen

Wenn die View angelegt ist, muss sie im Editor ausgeprägt werden. Zunächst müssen Sie für die dazugehörige SQL-Datenbankview (`@AbapCatalog.sqlViewAppendName`) einen Namen vergeben. Diese View können Sie später beispielsweise mit der Transaktion *SE11* aufrufen, deshalb sind hier auch nur 16 Zeichen möglich. Ich habe die View *ZSQL_JRNLITCUBE* genannt. Für die ABAP-CDS-View können Sie durchaus einen anderen Namen als für die SQL-Datenbankview vergeben, in diesem Fall *ZDDL_EXT_JRNLITEMCUBE*. Die Bezeichnung (`@EndUserText.label`) der Views wird aus der Anlage übernommen (siehe Listing 5.1).

Nachdem die Namen und die Bezeichnung definiert worden sind, ist die View auszuprägen. Zunächst müssen Sie definieren, welche View erweitert werden soll. In unserem Beispiel betrifft dies die View

I_JournalEntryItemCube, deshalb fügen wir die Zeile `extend view I_JournalEntryItemCube with ZDDL_EXT_JRNLITEMCUBE` hinzu. Mit dieser Zeile wird definiert, dass die View *I_JournalEntryItemCube* durch die View *ZDDL_EXT_JRNLITEMCUBE* erweitert wird.

Im nächsten Schritt muss unser kundeneigenes Feld WWREF_PA aus der Tabelle ACDOCA hinzugelesen werden. In unserem Beispiel realisieren wir dies über eine *Assoziation*. Mit Assoziationen werden Views, externe Views oder CDS-Entitäten miteinander verknüpft. Natürlich können Sie auch klassische Joins verwenden, jedoch folgen Assoziationen dem konzeptionellen Ansatz von SAP.

Hier habe ich als Assoziationsbedingungen Belegnummer, Belegposition, Ledger, Buchungskreis und Geschäftsjahr definiert. Somit wird über die Zeile `association [1..1] to acdoca as _acdoca on $projection.` die Verknüpfung zwischen der Tabelle ACDOCA und unserer Extend View hergestellt, und das Feld WWREF_PA wird mithilfe des Befehls `_acdoca.wwref_pa` hinzugelesen (siehe Listing 5.1).

```
@AbapCatalog.sqlViewAppendName: 'ZSQL_JRNLITCUBE'
@EndUserText.label: 'Extended View for I_
JOURNALENTRYITEMCUBE'
extend view I_JournalEntryItemCube with ZDDL_EXT_JRNLITEMCUBE

association [1..1] to acdoca as _acdoca on

$projection.accountingdocument   = _acdoca.belnr   and
$projection.ledgergllineitem     = _acdoca.docln   and
$projection.ledger               = _acdoca.rldnr   and
$projection.companycode          = _acdoca.rbukrs  and
$projection.fiscalyear           = _acdoca.gjahr
 {
//Extend view I_JOURNALENTRYITEMCUBE with Margin Analysis
field "Referenz"
_acdoca.wwref_pa
 }
```

Listing 5.1: ABAP-CDS-View »ZDDL_EXT_JRNLITEMCUBE«

Hiermit ist unsere View schon definiert, und wir können das Ergebnis in der erweiterten View sehen. Wechseln Sie dazu in das Paket der View I_JOURNALENTRYITEMCUBE und öffnen Sie diese per Doppelklick. Anschließend sehen Sie neben der View-Definition das kleine Symbol ❶. Es besagt, dass diese View erweitert wird. Wenn Sie jetzt auf das Symbol klicken, wird Ihnen durch ❷ EXTENDED WITH ZDDL_EXT_JRNLITEMCUBE angezeigt, dass diese View durch unsere View erweitert wird (siehe Abbildung 5.31).

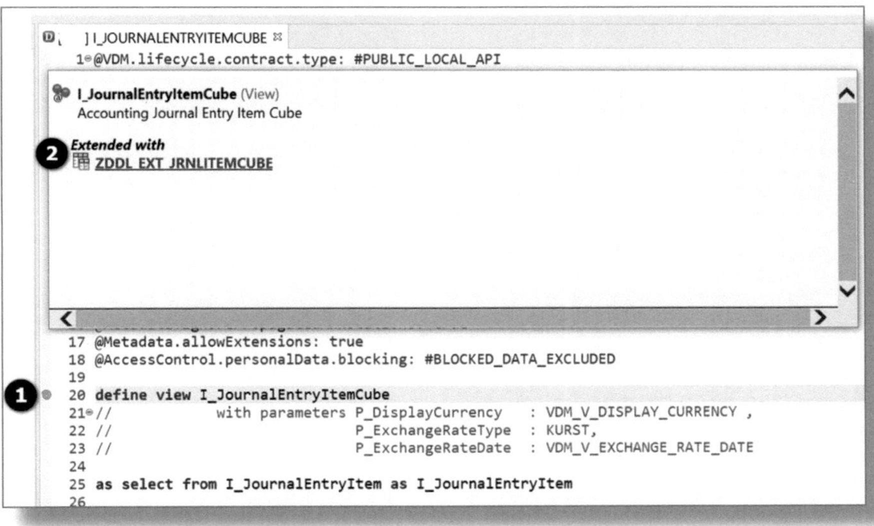

Abbildung 5.31: »Extended with« in der View »I_JournalEntryItemCube«

Darüber hinaus können Sie ebenfalls in der Transaktion *SE11* die SQL-Datenbankview *IFIDOCJRNLCUBE* zur ABAP-CDS-View *I_JOURNALENTRYITEMCUBE* aufrufen und dort die Erweiterung als. *APPEND* in den VIEWFELDERN erkennen (siehe Abbildung 5.32).

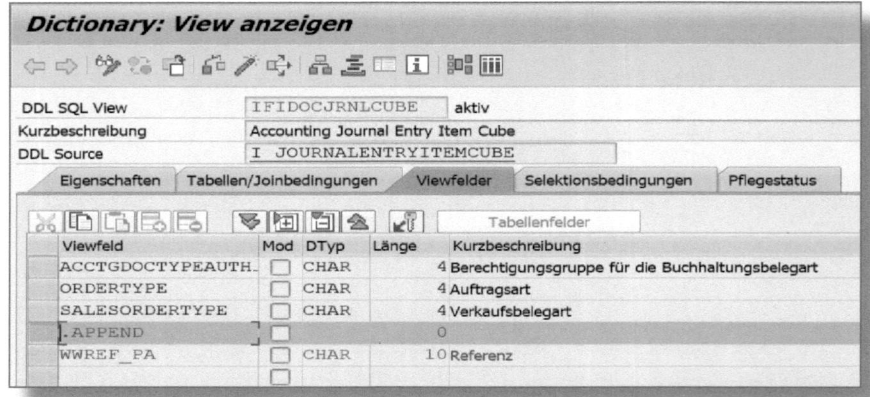

Abbildung 5.32: SQL-Datenbankview »IFIDOCJRNLCUBE« zu CDS-View »I_JournalEntryItemCube«

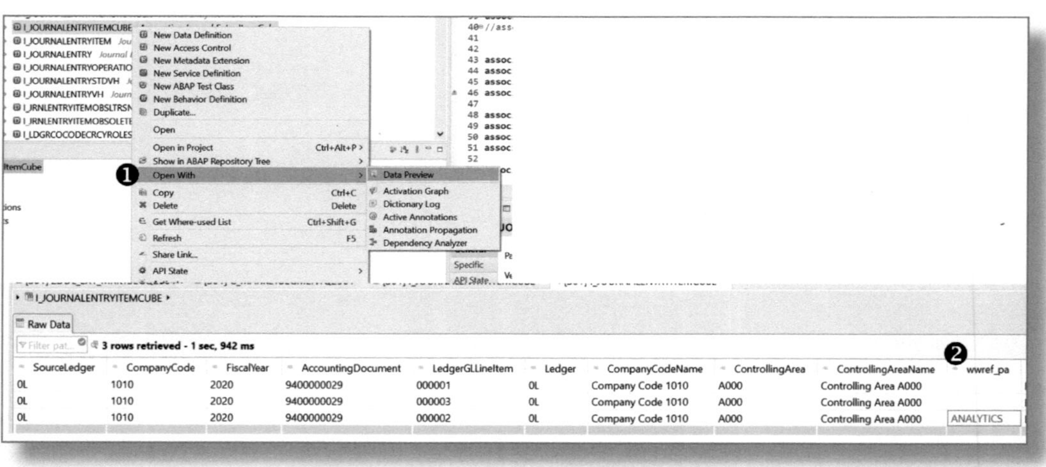

Abbildung 5.33: Ergebnis der Erweiterung der View »I_JournalEntryItemCube« um Feld »WWREF_PA«

Ob das Feld WWREF_PA korrekt gefüllt wird, können Sie sich entweder mit der Transaktion *SE11* zur SQL-Datenbankview *IFIDOCJRNLCUBE* oder per Datenvorschau in Eclipse anzeigen lassen. Diese öffnen Sie, indem Sie mit der rechten Maustaste auf die View und anschließend den Pfad ❶ OPEN WITH • DATA PREVIEW klicken (siehe Abbildung

5.33). In unserem Beispiel sehen wir hier nun das hinzugefügte Feld WWREF_PA mit dem Inhalt ❷ *ANALYTICS*.

2. ABAP-CDS-Query »C_MARKETSEGMENTQ2501« erweitern

Nachdem die View *I_JournalEntryItemCube* erweitert worden ist, können Sie der Query View *C_MarketSegmentQ2501* ebenfalls das Feld WWREF_PA hinzufügen.

Hierzu legen Sie wieder in Ihrem kundeneigenen Paket eine neue Extend View (siehe Abbildung 5.30) an, indem Sie mit der rechten Maustaste auf das Paket klicken und ❶ New • Other ABAP Repository Objekt • ❷ Core Data Services • Data Definition wählen (siehe Abbildung 5.29). In unserem Beispiel habe ich diese *ZDDL_EXT_MRKTSEGQ2501* genannt und im Paket *ZANALYSIS* angelegt.

Im nächsten Schritt müssen Sie auch diese View im Editor ausprägen. Die SQL-Datenbankview habe ich in diesem Fall mit dem Befehl `@AbapCatalog.sqlViewAppendName` *ZSQL_EXTQ2501* benannt. Jetzt definieren wir erneut per Befehl `extend view`, dass die View *C_MarketSegmentQ2501* erweitert wird (siehe Listing 5.2).

Anschließend bestimmen wir, dass die Query View um das Feld WWREF_PA erweitert wird. In diesem Fall müssen wir keine Assoziation ausführen, da das Feld bereits in der View *I_JournalEntryItemCube* bekannt ist. Deshalb können wir das Feld einfach hinzufügen. Für die Query definieren wir jedoch vorher Annotationen. Mit *Annotationen* wird eine CDS-View mit Metadaten angereichert, die zur Laufzeit ausgewertet werden und z. B. steuern, ob ein Feld als Zeile oder Spalte dargestellt wird. Da wir in diesem Fall eine Query View erweitern, habe ich drei Annotationen vor dem Feld WWREF_PA eingefügt. Mit `@AnalyticsDetails.query.totals: #SHOW` habe ich festgelegt, dass bei Anzeige des Feldes die Ergebnisse summiert werden. Durch die Annotation `@AnalyticsDetails.query.axis: #FREE` wird definiert, dass das Feld als freies Merkmal auswählbar ist und nicht initial in der Ausgabe angezeigt wird. Die Annotation `@AnalyticsDetails.query.display: #KEY_TEXT` bestimmt, dass der Schlüsseltext in der Query eingeblendet wird. Anschließend wird nur noch das Feld WWREF_PA ohne zusätzlichen Code eingefügt (siehe Listing 5.2). Damit ist diese View fertig und kann getestet werden. Die Erweiterung können Sie sich wieder in der erweiterten View anzeigen lassen.

```
@AbapCatalog.sqlViewAppendName: 'ZSQL_EXTQ2501'
@EndUserText.label: 'Extended View for C_MarketSegmentQ2501'
extend view C_MarketSegmentQ2501 with ZDDL_EXT_MRKTSEGQ2501
 {

    //Extend view Query with Margin Analysis field "Referenz"
    @AnalyticsDetails.query.totals: #SHOW
    @AnalyticsDetails.query.axis: #FREE
    @AnalyticsDetails.query.display: #KEY_TEXT
    wwref_pa
 }
```

Listing 5.2: ABAP-CDS-View »ZDDL_EXT_MRKTSEGQ2501«

Da es sich bei der erweiterten View *C_MarketSegmentQ2501* um eine Query View handelt, bietet sich zum Testen der Query-Monitor (Transaktion *RSRT*; siehe Abschnitt 3.2.3) an.

```
@AbapCatalog.sqlViewName: 'CFIMARKSEGMQ2501'
@EndUserText.label: 'Market Segments - Actuals'
@VDM.viewType: #CONSUMPTION
@Analytics.query: true
@AccessControl.authorizationCheck: #PRIVILEGED_ONLY

@Analytics.settings.maxProcessingEffort: #HIGH
@ClientHandling.algorithm: #SESSION_VARIABLE
@AbapCatalog.buffering.status: #NOT_ALLOWED
@Metadata.ignorePropagatedAnnotations: true

@ObjectModel.usageType.sizeCategory: #XXL
@ObjectModel.usageType.serviceQuality: #D
@ObjectModel.usageType.dataClass: #MIXED


define view C_MarketSegmentQ2501
```

Abbildung 5.34: Name »CFIMARKSEGMQ2501« der Datenbankview der CDS-View »C_MarketSegmentQ2501«

Im Query-Monitor müssen Sie nicht den Namen der ABAP-CDS-View angeben, sondern denjenigen der SQL-Datenbankview mit dem führenden Präfix *2C**. Rufen Sie hierzu die View *C_MarketSegmentQ2501* auf und schauen sich den SQL-View-Namen in der Zeile `@AbapCatalog.sqlViewAppendName` an. In diesem heißt die SQL-Datenbankview ❶ CFIMARKSEGMQ2501 (siehe Abbildung 5.34).

Wechseln Sie jetzt zur Transaktion *RSRT*, geben Sie diesen Namen zusammen mit dem Präfix *2C* (*2C CFIMARKSEGMQ2501*) ein und führen Sie die Query aus. Das System ergänzt automatisch den SQL-Datenbankview-Namen der View *I_JournalEntryItemCube* vor 2CCFIMARKSEGMQ2501, da die Query View auf dieser basiert (siehe Abbildung 5.35).

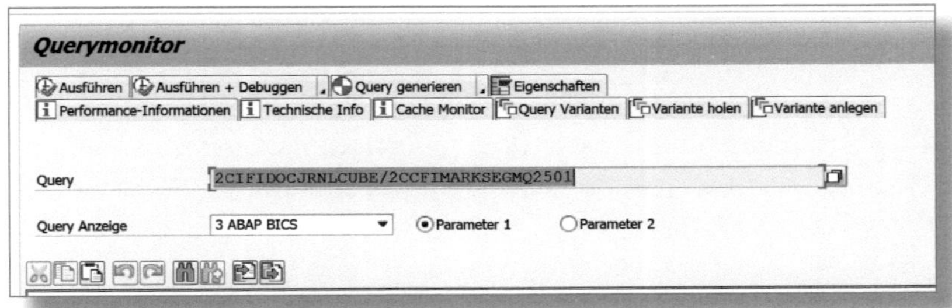

Abbildung 5.35: Testen der Query »CFIMARKSEGMQ2501« mithilfe des Query-Monitors

Anschließend können Sie aus den frei verfügbaren Merkmalen die REFERENZ auswählen und der Ausgabe hinzufügen (siehe Abbildung 5.36).

DP_1 2CCFIMARKSEGMQ2501

Initial State

Informationen zur Query
Statischer Filter
Dynamischer Filter
Variablenwerte
Navigationsbereich
Zeilenmerkmale
Kundengruppe

Query Marktsegmente - Istdaten

Variablen | Aktualisieren | Achsen vertauschen | Dokumente | Bedingungen | Ausnahmen | Dynamische Auswahl

Kundengruppe		Produktgruppe		Sachkonto		Kennzahlen / Referenz	Istbetrag in Transaktionswährung
01	Kundengruppe 01	L001	Handelswaren	41000000	Erlöse Inl. - Erzeu.	ANALYTICS	-175,50 EUR
						Ergebnis	-175,50 EUR
				51600000	Verbr. Handelsware	ANALYTICS	135,00 EUR
						Ergebnis	135,00 EUR
				Ergebnis			-40,50 EUR
		Ergebnis					-40,50 EUR

Abbildung 5.36: Ergebnis der Query »2CCFIMARKSEGMQ2501« im Query-Monitor

3. SAP-Fiori-App anlegen

An dieser Stelle eine kurze Anmerkung vorab: Wenn eine standardmäßige SAP-Fiori-App bereits auf einer Query View basiert, die von Ihnen durch eine Extend View erweitert worden ist, müssen Sie die nachfolgenden Schritte nicht ausführen, da diese App nichts anderes macht, als die erweiterte Query aufzurufen. Ich möchte Ihnen dennoch kurz zeigen, wie eine Query View mithilfe einer SAP-Fiori-App aufgerufen werden kann.

Nach erfolgreichem Test der Query View im Query-Monitor können Sie die SAP-Fiori-App anlegen. Rufen Sie hierzu den SAP Fiori Launchpad Designer per Transaktion */ui2/flpd_cust* auf und wechseln Sie zu Ihrem kundeneigenen Katalog, in unserem Beispiel ZANALYTICS. Als Kacheltyp wählen wir auch hier wieder APP-LAUNCHER – STATISCH (siehe Abschnitt 5.3.1). Anschließend können Sie einen Namen sowie die semantische Objektnavigation auswählen. Für unser Beispiel habe ich die Kachel ❶ *Marktsegmente* mit dem Untertitel *Analytics in S/4 – CDS Query* benannt. Als ❷ SEMANTISCHES OBJEKT wählen wir wieder das zuvor angelegte Objekt *Analytics* mit einer neuen AKTION *analyzeCDS*, die frei wählbar ist (siehe Abbildung 5.37).

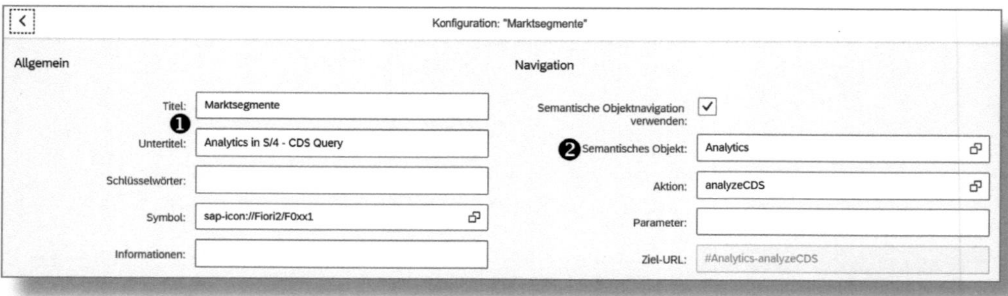

Abbildung 5.37: SAP-Fiori-App zur Query »CFIMARKSEGMQ2501«

Anschließend wechseln Sie zu den ZIELZUORDNUNGEN und legen eine neue ZIELZUORDNUNG an: in unserem Fall eine für das semantische Objekt ❶ *Analytics* mit der Aktion *analyzeCDS*. Als ❷ URL muss auch in diesem Fall der Pfad */sap/bc/ui5_ui5/sap/FIN_DS_ANALYZE* und als ID *fin.acc.query.analyze* angegeben werden. Als PARAMETER

❸ werden in diesem Fall *XSYSTEM* mit dem Standardwert *LOCAL* sowie *XQUERY* mit dem Namen der Query View und dem Präfix *2C CFIMARKSEGMQ2501* angegeben. Nach dem Sichern ist die App vollständig definiert und kann im SAP Fiori Launchpad getestet werden (siehe Abbildung 5.38).

Abbildung 5.38: Zielzuordnung der App »Marktsegmente – Analytics in S/4 – CDS Query«

4. Rolle erweitern

Da wir die SAP-Fiori-Kachel in unserem Z-Katalog ZANALYTICS angelegt haben und dieser bereits in der Rolle Z_ANALYTICS_S4 enthalten ist, muss an der Rolle nichts ergänzt werden (siehe Abschnitt *5.3.1*).

5. Ergebnis im SAP Fiori Launchpad

Abschließend wollen wir uns das Ergebnis im SAP Fiori Launchpad anzeigen lassen. Dafür ergänzen wir die App wieder über den App Finder zu unserer Startseite und führen sie aus. Als Ergebnis wird nun die Query, wie schon im Query-Monitor (siehe Abbildung 5.36), mit dem erweiterten Feld Referenz angezeigt (siehe Abbildung 5.39).

Abbildung 5.39: Ergebnis der SAP-Fiori-App »Marktsegmente – Analytics in S/4 – CDS Query«

6 Kundeneigene Berichte erstellen

In diesem Kapitel möchte ich Ihnen anhand eines kleinen Praxisbeispiels zeigen, wie Sie eigene Berichte sowohl mit einer ABAP-CDS-View als auch mit einer SAP HANA Calculation View erzeugen können und dabei identische Ergebnisse erzielen. Ich erläutere Ihnen, wie Sie dasselbe Praxisbeispiel mit beiden Varianten Schritt für Schritt bis hin zur Erstellung einer SAP-Fiori-App im System umsetzen können. Je nach Know-how können Sie so selbst entscheiden, welcher Weg der richtige für Sie ist.

6.1 Ausgangslage für das Praxisbeispiel

Nehmen wir an, Sie sollen einen Bericht konzipieren, der alle Fakturen zu Kundenaufträgen anzeigt. Dieser Bericht soll als SAP-Fiori-Kachel zur Verfügung stehen.

Für dieses Beispiel müssen wir zunächst die Kundenaufträge sowie Positionen auslesen, um die Fakturen positionsgenau zuordnen zu können. Ob eine Faktura wirklich erzeugt und buchhalterisch gebucht ist, kann in SAP S/4HANA dem Universal Journal (ACDOCA) entnommen werden. Somit sind nachfolgende Tabellen für unser Praxisbeispiel relevant:

- *VBAK* – Verkaufsbeleg: Kopfdaten
- *VBRP* – Verkaufsbeleg: Positionsdaten
- *ACDOCA* – Universal Journal (Fakturainformationen)

In den nachfolgenden Abschnitten werde ich Ihnen nun zeigen, wie Sie diesen Bericht einmal mithilfe einer ABAP-CDS-View und im anderen Fall anhand einer SAP HANA Calculation View bis hin zur SAP-Fiori-App erstellen.

6.2 Erstellung mit SAP HANA Calculation View

Zunächst möchte ich Ihnen die Erstellung des Berichts mittels SAP HANA Calculation View vorstellen, da bei dieser Variante keinerlei Entwicklungskenntnisse notwendig sind. Die erforderliche View kann grafisch modelliert und alle weiteren Elemente können über das Customizing oder den Query Designer realisiert werden.

6.2.1 View modellieren

Beginnen wir mit dem wichtigsten Element, der SAP HANA Calculation View. Rufen Sie hierzu die *SAP HANA Administration Console* in Eclipse auf und melden Sie sich an der Datenbank Ihres SAP-Systems an (siehe Abschnitt *4.1.2*).

Anschließend navigieren Sie zu einem kundeneigenen Paket und legen per Rechtsklick eine neue INFORMATION VIEW an. In unserem Beispiel habe ich die View ❶ *ZCV_SALES* genannt mit dem ❷ CALCULATION VIEW TYPE *Graphical* und der ❸ DATA CATEGORY *CUBE* (siehe Abbildung 6.1).

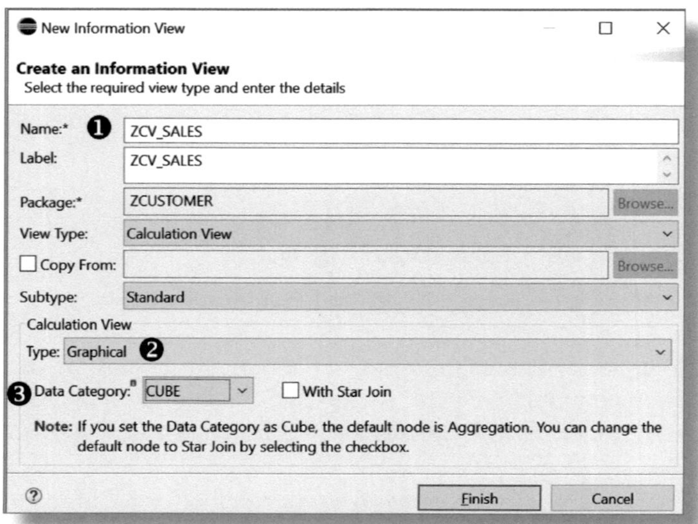

Abbildung 6.1: SAP HANA Calculation View »ZVC_SALES«

Nachdem die View erstellt worden ist, kann mit der Modellierung begonnen werden. Die notwendigen Tabellen fügen Sie via Projection in die View ein. Für unser Beispiel habe ich zunächst mittels Projections die Tabellen VBAK, VBAP und ACDOCA ergänzt (siehe Abbildung 6.6). Aus den jeweiligen Tabellen werden folgende Felder zur Ausgabe hinzugefügt. Klicken Sie hierfür mit der rechten Maustaste auf das jeweilige Feld und wählen Sie Add To Output.

- **VBAK**
  - MANDT – Mandant
  - VBELN – Auftragsnummer
  - BUKRS_VF – Buchungskreis
  - VKORG – Verkaufsorganisation
  - VTWEG – Vertriebsweg
  - VKGRP – Verkäufergruppe
  - SPART – Sparte
  - KUNNR – Kundennummer/Auftraggeber
  - ERDAT – Erfassungsdatum
- **VBAP**
  - MANDT – Mandant
  - POSNR – Positionsnummer
  - MATNR – Material
- **ACDOCA**
  - RCLNT – Mandant
  - RLDNR – Ledger
  - RBUKRS – Buchungskreis
  - GJAHR – Geschäftsjahr
  - AWTYP – Belegtyp
  - AWREF – Referenznummer
  - AWITEM – Positionsnummer des Referenzbeleges
  - KDAUF – Kundenauftrag
  - KDPOS – Kundenauftragsposition

- HSL – Betrag in Buchungskreiswährung
- RHCUR – Buchungskreiswährung
- POPER – Buchungsperiode
- PERIV – Geschäftsjahresvariante

Zunächst müssen die Positionsinformationen aus der Tabelle VBAP zur Tabelle VBAK mittels Join hinzugelesen werden. Ich habe in diesem Fall einen *Left Outer Join* eingefügt (Join-Typ in der Join-Bedingung; siehe Abbildung 6.2) und zur Tabelle VBAK über die Felder MANDT und VBELN die Felder POSNR und MATNR aus der Tabelle VBAP hinzugelesen (siehe Abbildung 6.3).

Properties

General

Property	Value
Left Element	Projection_1.MANDT
Right Element	Projection_2.MANDT
Join Type	Left Outer
Language Column	
Cardinality	
Dynamic Join	False
Optimize Join Columns	False
Predicate	
Distance	
Intersection Matrix	
Execute join if predicate condi...	

Abbildung 6.2: SAP HANA Calculation View – Left Outer Join

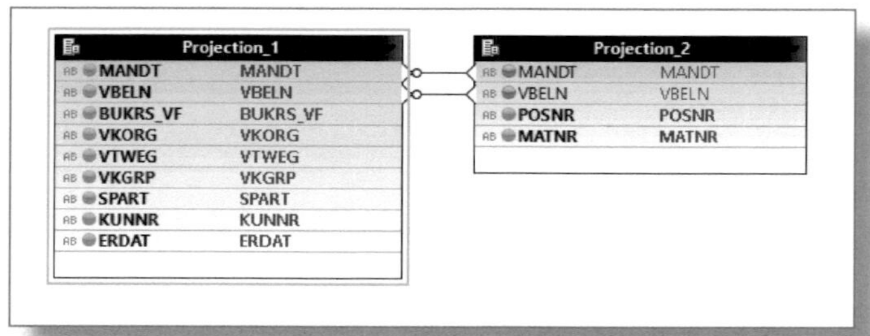

Abbildung 6.3: Left Outer Join – »VBAP« zu »VBAK«

Bevor die Fakturainformationen aus der Tabelle ACDOCA zu den Verkaufsbelegen via Join hinzugelesen werden, müssen für unser Beispiel noch Filter in der Projection ACDOCA eingefügt werden, indem Sie mit der rechten Maustaste auf das zu filternde Feld klicken und ❶ Apply Filter wählen. Für unser Beispiel habe ich zunächst einen Filter mit der Bedingung *Equal* und dem Wert ❷ *0L* für das Feld RLDNR angewendet. Mit diesem Filter werden nur die Werte des führenden Ledger ausgelesen. Auf das Feld AWTYP habe ich ebenfalls einen Filter mit der Bedingung *Equal* und dem Wert ❸ *VBRK* (Verkaufsbeleg Rechnungskopf) angewendet, damit nur Fakturen hinzugelesen werden (siehe Abbildung 6.4).

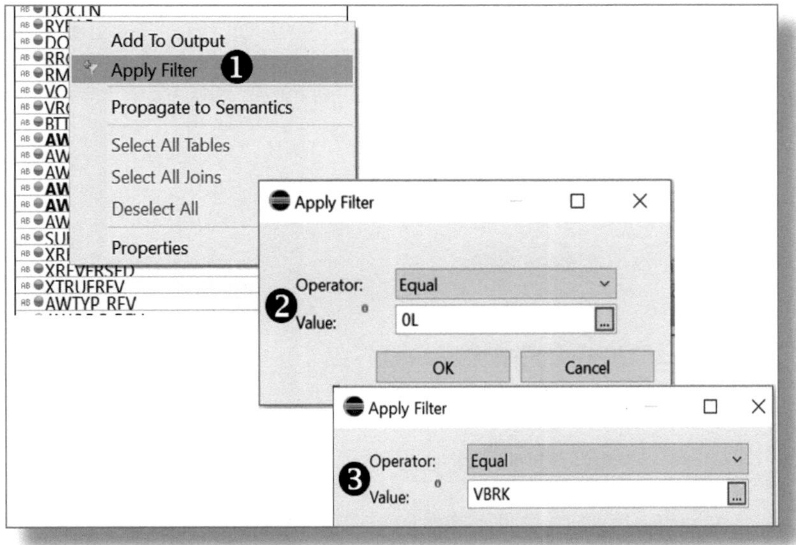

Abbildung 6.4: Filterbedingung »SAP HANA Calculation View« in der Projection

Nach Definition der Filterbedingungen können die Fakturainformationen aus der Tabelle ACDOCA zu den Verkaufsbeleginformationen hinzugelesen werden. Dies wird wieder über einen *Left Outer Join* realisiert. Der Join wird über die Felder MANDT zu RCLNT, VBELN zu KDAUF, BUKRS_VF zu RBUKRS und POSNR zu KDPOS definiert (siehe Abbildung 6.5)

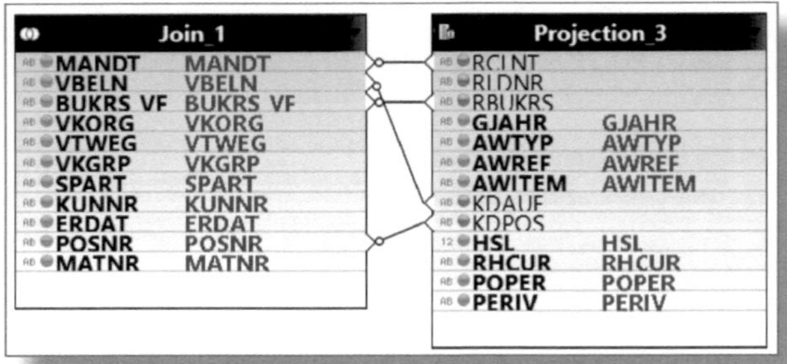

Abbildung 6.5: Left Outer Join – Definition von »ACDOCA« zu Verkaufsbeleginformationen

Nachdem die notwendigen Joins definiert worden sind, werden alle Felder in der *Aggregation* zur Ausgabe hinzugefügt (siehe Abbildung 6.6) und die Felddefinition in den Eigenschaften der View überprüft (siehe Abbildung 6.7).

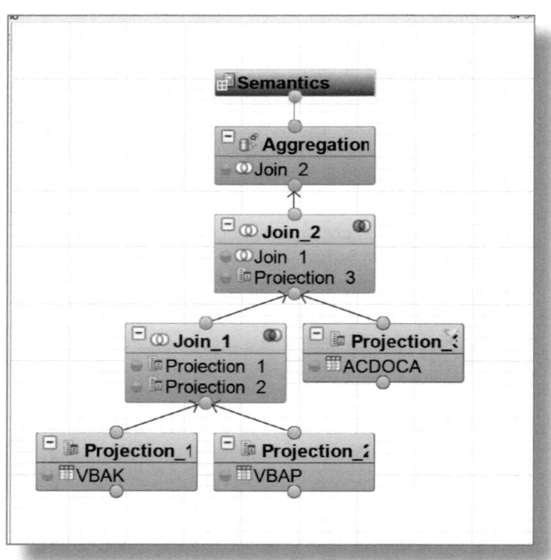

Abbildung 6.6: SAP HANA Calculation View »ZCV_SALES« – Komplettansicht

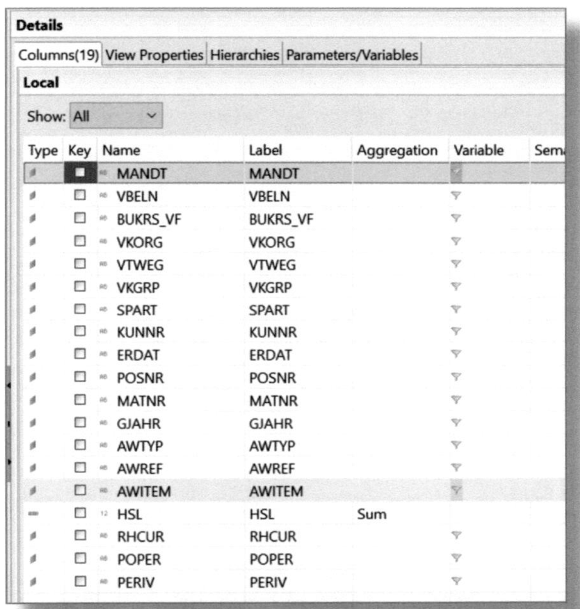

Details

Columns(19) | View Properties | Hierarchies | Parameters/Variables

Local

Show: All

Type	Key	Name	Label	Aggregation	Variable	Sem
	☐	MANDT	MANDT			
	☐	VBELN	VBELN			
	☐	BUKRS_VF	BUKRS_VF			
	☐	VKORG	VKORG			
	☐	VTWEG	VTWEG			
	☐	VKGRP	VKGRP			
	☐	SPART	SPART			
	☐	KUNNR	KUNNR			
	☐	ERDAT	ERDAT			
	☐	POSNR	POSNR			
	☐	MATNR	MATNR			
	☐	GJAHR	GJAHR			
	☐	AWTYP	AWTYP			
	☐	AWREF	AWREF			
	☐	AWITEM	AWITEM			
	☐	HSL	HSL	Sum		
	☐	RHCUR	RHCUR			
	☐	POPER	POPER			
	☐	PERIV	PERIV			

Abbildung 6.7: Felddefinition der SAP HANA Calculation View »ZCV_ SALES«

Nach Aktivierung der View können Sie das Ergebnis anzeigen, indem Sie mit der rechten Maustaste auf die View klicken und DATA PREVIEW wählen. In meinem Beispiel wird für den Kundenauftrag *110* im Feld HSL korrekterweise *-175,5 EUR* (Betrag in Buchungskreiswährung) angezeigt (siehe Abbildung 6.8).

Filter pat... 1 rows retrieved - 293 ms

MANDT	VBELN	BUKRS_VF	VKORG	VTWEG	VKGRP	SPART	KUNNR	ERDAT	POSNR	MATNR
200	00000001...	1010	1010	10		00	0010100008	20200810	000010	TG11

MATNR	GJAHR	AWTYP	AWREF	AWITEM	RHCUR	POPER	PERIV	HSL
TG11	2020	VBRK	00900000...	000010	EUR	008	K4	-175,5

Abbildung 6.8: Ergebnis der View »ZCV_SALES« per Data Preview

6.2.2 InfoProvider anlegen

Nachdem die SAP HANA Calculation View erfolgreich getestet worden ist, erstellen wir im nächsten Schritt einen virtuellen InfoProvider, der wiederum auf einer SAP HANA Calculation View basiert. Rufen Sie hierfür die Transaktion *RSA1* auf und legen Sie in Ihrer kundeneigenen InfoArea per Rechtsklick einen neuen virtuellen InfoProvider an. In unserem Beispiel habe ich den InfoProvider in meiner kundeneigenen InfoArea *ZSD* angelegt und *ZSDV01* genannt. Während der Erstellung habe ich definiert, dass es sich hierbei um einen virtuellen InfoProvider handelt, dem die in Abschnitt 6.2.1 definierte SAP-HANA-Calculation-View *ZCV_SALES* zugrunde liegt. Diese View wird in das Feld HANA INFORMATION MODEL eingetragen (siehe Abschnitt 5.3.1 und Abbildung 6.9).

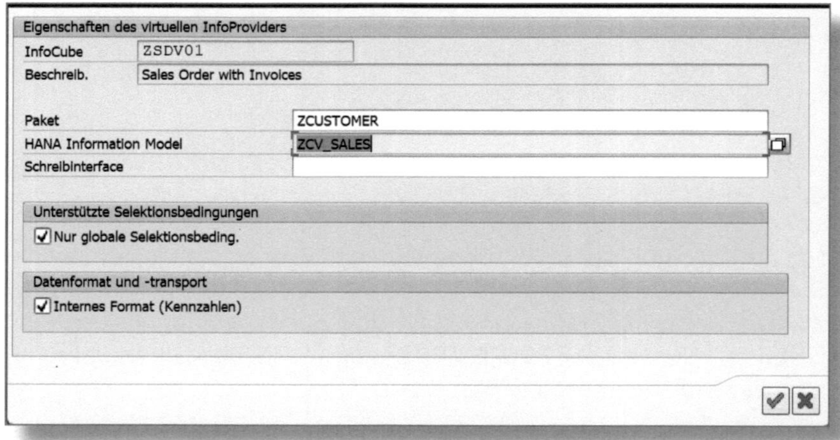

Abbildung 6.9: Definition virtueller InfoProvider »ZSDV01«

Nach Erstellung des InfoProviders müssen zunächst Dimensionen definiert und die notwendigen InfoObjects eingefügt werden. Für unser Beispiel habe ich die nachfolgenden Dimensionen angelegt und die erforderlichen InfoObjects ergänzt (siehe Abbildung 6.10).

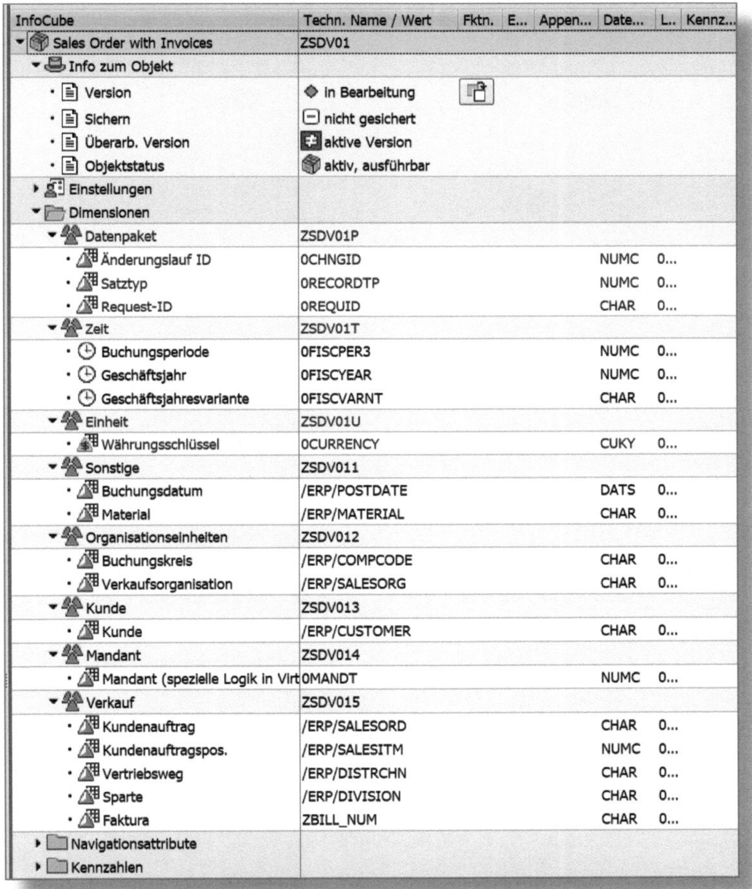

Abbildung 6.10: Dimensionen und InfoObjects für den InfoProvider »ZSDV01«

Anschließend müssen Sie nur noch die entsprechenden SAP-HANA-Felder den jeweiligen InfoObjects zuordnen (siehe Abbildung 6.11). Wie Sie Dimensionen erstellen, InfoObjects hinzufügen und die Zuordnung festlegen, habe ich bereits in Abschnitt 5.3.1 erläutert.

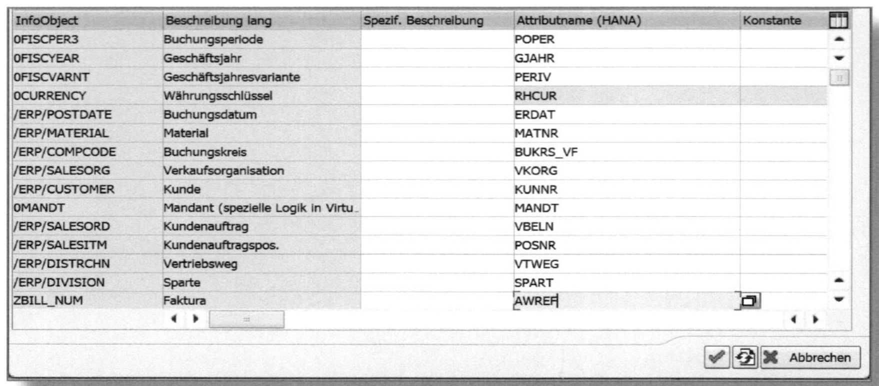

InfoObject	Beschreibung lang	Spezif. Beschreibung	Attributname (HANA)	Konstante
0FISCPER3	Buchungsperiode		POPER	
0FISCYEAR	Geschäftsjahr		GJAHR	
0FISCVARNT	Geschäftsjahresvariante		PERIV	
0CURRENCY	Währungsschlüssel		RHCUR	
/ERP/POSTDATE	Buchungsdatum		ERDAT	
/ERP/MATERIAL	Material		MATNR	
/ERP/COMPCODE	Buchungskreis		BUKRS_VF	
/ERP/SALESORG	Verkaufsorganisation		VKORG	
/ERP/CUSTOMER	Kunde		KUNNR	
0MANDT	Mandant (spezielle Logik in Virtu…		MANDT	
/ERP/SALESORD	Kundenauftrag		VBELN	
/ERP/SALESITM	Kundenauftragspos.		POSNR	
/ERP/DISTRCHN	Vertriebsweg		VTWEG	
/ERP/DIVISION	Sparte		SPART	
ZBILL_NUM	Faktura		AWREF	

Abbildung 6.11: Zuordnung der SAP-HANA-Attribute/-Felder zu den InfoObjects im InfoProvider »ZSDV01«

Nachdem die Bearbeitung des InfoProviders abgeschlossen worden ist, können Sie diesen aktivieren und das Ergebnis prüfen, indem Sie mit der rechten Maustaste auf den InfoProvider klicken sich die DATEN ANZEIGEN lassen (siehe Abbildung 6.12).

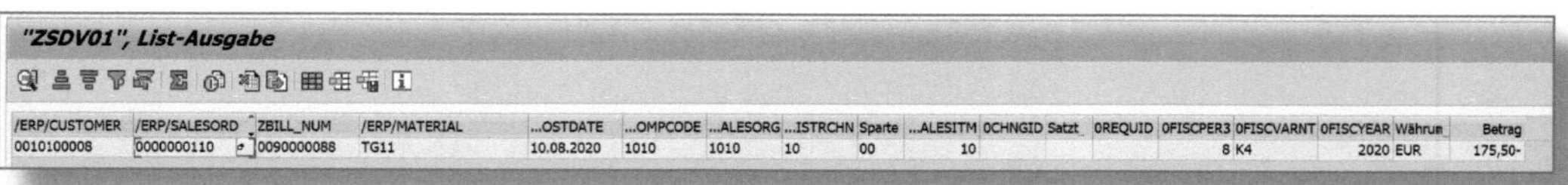

/ERP/CUSTOMER	/ERP/SALESORD	ZBILL_NUM	/ERP/MATERIAL	...OSTDATE	...OMPCODE	...ALESORG	...ISTRCHN	Sparte	...ALESITM	0CHNGID	Satzt_	0REQUID	0FISCPER3	0FISCVARNT	0FISCYEAR	Währun_	Betrag
0010100008	0000000110	0090000088	TG11	10.08.2020	1010	1010	10	00	10				8	K4	2020	EUR	175,50-

Abbildung 6.12: Ergebnis von InfoProvider »ZSDV01« in der Datenanzeige

6.2.3 Query erstellen

Im vorletzten Schritt muss eine Query für den zuvor erstellen InfoProvider angelegt werden. Für unser Beispiel habe ich mit dem *BEx Query Designer* eine einfache Query für den InfoProvider *ZSDV01* konzipiert. Zur initialen Ausgabe habe ich in diesem Fall nur die Felder KUNDENAUFTRAG, KUNDE und FAKTURA sowie die Kennzahl BETRAG hinzugefügt. Die Kennzahl kann anschließend per SAP-Fiori-App oder SAP Analysis for Microsoft Office konsumiert werden (siehe Abbildung 6.13).

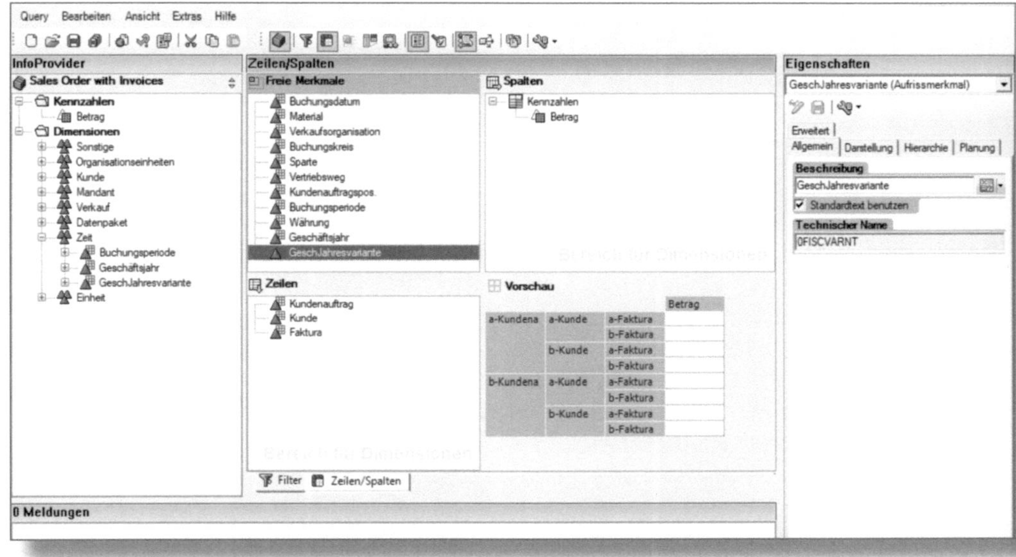

Abbildung 6.13: BEx Query für den InfoProvider »ZSDV01«

6.2.4 SAP-Fiori-App anlegen

Im letzten Schritt wird die SAP-Fiori-App angelegt. Rufen Sie hierzu mit der Transaktion */ui2/flpd_cust* den SAP Fiori Launchpad Designer auf und wechseln Sie zu Ihrem kundeneigenen Katalog, in unserem Beispiel ZANALYTICS. Als Kacheltyp wählen wir auch hier wieder APP-LAUNCHER – STATISCH (siehe Abschnitt 5.3.1). Anschließend können Sie einen Namen sowie die semantische Objektnavigation auswählen. Für unser Beispiel habe ich die Kachel ❶ *Kundenaufträge & Fakturen* mit dem Untertitel *Analytics in S/4* benannt. Als ❷ SEMANTISCHES OBJEKT habe ich wieder das in Abschnitt 5.3.1 angelegte Objekt *Analytics* mit der neuen AKTION *analyzeSO* ausgewählt, die frei wählbar ist (siehe Abbildung 6.14).

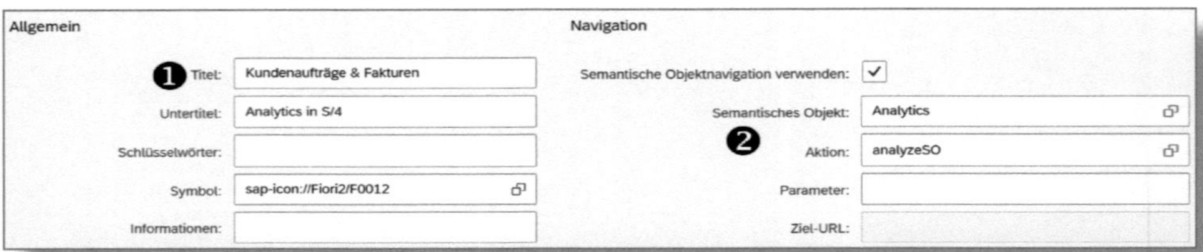

Abbildung 6.14: Definition der SAP-Fiori-Kachel »Kundenaufträge & Fakturen«

Anschließend wechseln Sie zu den ZIELZUORDNUNGEN und legen eine neue ZIELZUORDNUNG an: in unserem Fall für das ❶ SEMANTISCHE OBJEKT *Analytics* mit der AKTION *analyzeSO*. Als ❷ URL muss auch in diesem Fall der Pfad */sap/bc/ui5_ui5/sap/FIN_DS_ANALYZE* und als ID *fin.acc.query.analyze* angegeben werden. Als ❸ PARAMETER legen wir wieder *XSYSTEM* mit dem Standardwert *LOCAL* sowie *XQUERY* mit dem technischen Namen der BEx Query *ZSDV01_SALESINV* fest. Nach dem Sichern ist die App vollständig definiert und kann im SAP Fiori Launchpad getestet werden (siehe Abbildung 6.15).

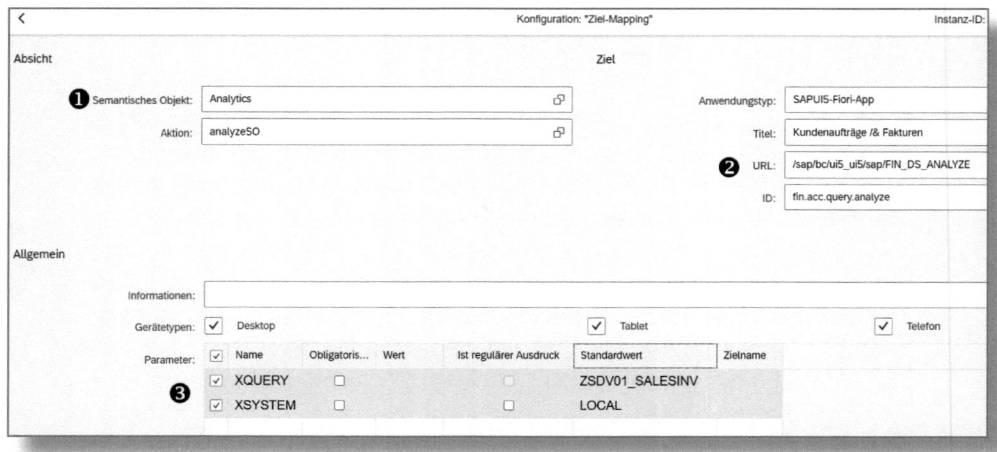

Abbildung 6.15: Zielzuordnung der SAP-Fiori-Kachel »Kundenaufträge & Fakturen«

6.2.5 Rolle erweitern

Da wir die SAP-Fiori-Kachel in unserem Z-Katalog ZANALYTICS angelegt haben und dieser bereits in der Rolle Z_ANALYTICS_S4 enthalten ist, muss in dieser Rolle nichts ergänzt werden (siehe Abschnitt *5.3.1*).

6.2.6 Ergebnis im SAP Fiori Launchpad

Abschließend können wir uns das Ergebnis im SAP Fiori Launchpad anzeigen lassen. Dafür fügen wir die App über den App Finder unserer Startseite hinzu. Als Ergebnis wird für den Kundenauftrag *110* korrekterweise der Wert *-175,50 EUR* dargestellt (siehe Abbildung 6.16).

Abbildung 6.16: Ergebnis der SAP-Fiori-App »Kundenaufträge & Fakturen«

6.3 Erstellung mit ABAP-CDS-View

Nachdem Sie im vorherigen Abschnitt gelernt haben, wie unser Praxisbeispiel mittels SAP HANA Calculation Views und InfoProvider umgesetzt wird, möchte ich Ihnen jetzt erläutern, wie Sie mithilfe von ABAP-CDS-Views ein identisches Ergebnis erzielen.

Bevor wir in die Praxis einsteigen, möchte ich Sie darauf aufmerksam machen, dass dieser Abschnitt in erster Linie die Vorgehensweise zur Erstellung einer ABAP-CDS-View aufzeigen soll. Detailliertere Informationen zur Entwicklung von ABAP CDS würde den Rahmen dieses Buches sprengen, weshalb ich noch einmal auf meinen Buchtipp in Abschnitt 5.3.2 verweisen möchte.

6.3.1 ABAP-CDS-Views erstellen

1. Basic View für Kundenauftragsdaten

Um die erforderlichen Daten aus den Tabellen VBAK (Verkaufsbeleg: Kopfdaten), VBRP (Verkaufsbeleg: Positionsdaten) und ACDOCA (Fakturainformationen) zusammen zu lesen, sind zwei ABAP-CDS-Views notwendig. Zunächst werden in einer Basic View zu den Verkaufsbelegkopfdaten die Positionsdaten hinzugelesen (siehe Abschnitt 1.2).

Öffnen Sie dafür Eclipse und melden Sie sich mittels ABAP an Ihrem SAP-S/4HANA-System an. Legen Sie ein neues Projekt an (siehe Abschnitt *4.1.2*).

Anschließend erstellen Sie in einem kundeneigenen Paket eine neue View, indem Sie mit der rechten Maustaste auf das Paket klicken und ❶ NEW • OTHER ABAP REPOSITORY OBJEKT • ❷ CORE DATA SERVICES • DATA DEFINITION wählen (siehe Abbildung 5.29).

Für unser Beispiel habe ich das Paket *ZANALYSIS* gewählt. Im nächsten Fenster müssen Sie zunächst einen ❶ kundeneigenen Namen und eine Beschreibung vergeben. Bevor Sie die View anlegen, werden Sie noch gefragt, um welche Art es sich dabei handelt, hier wählen Sie ❷ DEFINE VIEW WITH JOIN aus und bestätigen mit FINISH (siehe Abbildung 6.17). Ich habe die View in unserem Beispiel *ZDDL_I_SALES* genannt.

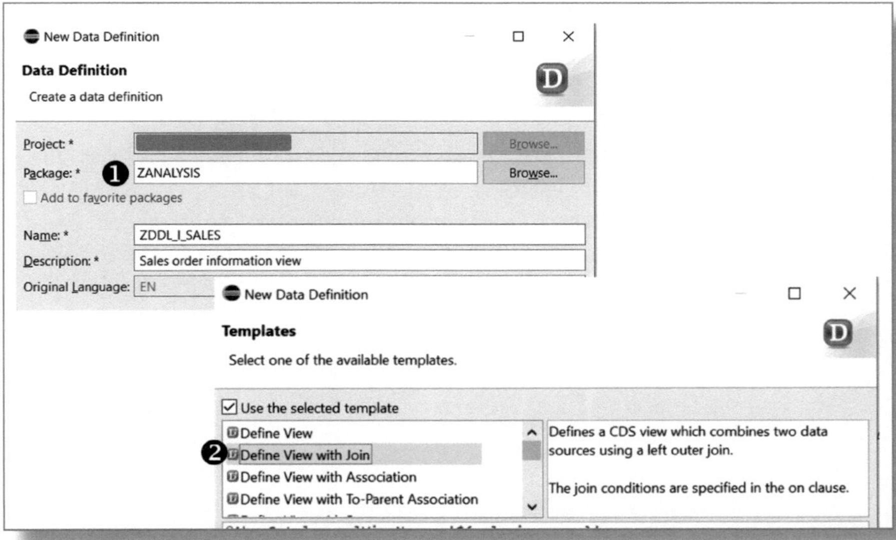

Abbildung 6.17: Erstellung der View mit Join »ZDDL_I_SALES«

Anschließend muss die View im Editor ausgeprägt werden. Zunächst müssen Sie für die dazugehörige SQL-Datenbankview (`@AbapCatalog.sqlViewAppendName`) einen Namen vergeben. Die Datenbankview kann später beispielsweise mit der Transaktion *SE11* aufgerufen werden, deshalb sind für die Namensvergabe nur 16 Zeichen möglich. Ich habe die View *ZSQL_SALES* genannt. Die ABAP-CDS-View kann durchaus einen anderen Namen als die SQL-Datenbankview besitzen. Die Bezeichnung (`@EndUserText.label`) der Views wird aus der Anlage übernommen. Neben diesen grundlegenden Annotationen habe ich nachfolgende definiert, um die View-Definition auszuprägen (siehe Listing 6.1):

- `@AbapCatalog.compiler.compareFilter: true`: steuert, dass Filterbedingungen von ABAP-CDS-Views verglichen werden und bei Übereinstimmung die Join-Bedingung nur einmal durchlaufen wird. Dies wirkt sich positiv auf die Performance aus.

- `@AbapCatalog.preserveKey: true`: steuert, dass in der View mittels `key`-Definition die Schlüsselfelder bestimmt werden können.
- `@VDM.viewType:#BASIC:` definiert, dass es sich in diesem Fall um eine `#BASIC`-View handelt, mit der Daten direkt von der Datenbank gelesen werden. Basic Views werden in der Regel so definiert, dass diese wiederverwendbar sind. In unserem Beispiel enthält die View nur Verkaufsauftragsdaten und kann somit individuell wiederverwendet werden (siehe Abschnitt 1.2).
- `@ClientHandling.algorithm:#SESSION_VARIABLE`: steuert, dass diese View mandantenabhängig ist.

Anschließend können die Join- und Assoziationsbedingungen ausgeprägt werden. Aus der Tabelle VBAP habe ich per Left-Outer-Join-Bedingung die Felder `posnr` (Positionsnummer) und `matnr` (Materialnummer) hinzugelesen Aus der Tabelle VBAP werden nachfolgende Felder in der View verwendet (siehe Listing 6.1):

- `vbeln` (Verkaufsbelegnummer)
- `bukrs_vf` (Buchungskreis)
- `vkorg` (Verkaufsorganisation)
- `vtweg` (Vertriebsweg)
- `spart` (Sparte)
- `kunnr` (Kundenummer)
- `erdat` (Erfassungsdatum)

Daneben habe ich Assoziationen, die Views, externe Views oder CDS-Entitäten miteinander verknüpfen, für jedes Feld definiert, das später in der Query ausgegeben wird. SAP liefert im Standard für eine Vielzahl von Standardfeldern ABAP-CDS-Views aus, die bereits grundlegende Informationen für ein Feld bereitstellen. So stellt beispielsweise die View `I_CompanyCode` Informationen für eine Buchungskreiswertehilfe sowie Buchungskreistexte zur Verfügung, die für die Verwendung bzw. Ausgabe in einer Query gebraucht werden. Ohne diese würde z. B. das Feld Buchungskreis nur Rohdaten anzeigen. Texte oder Informationen für eine Wertehilfe würden somit fehlen.

Mithilfe von *Annotationen* werden die Assoziationen den einzelnen Feldern im Quelltext zugeordnet. Mit der Annotation `@ObjectModel.foreignKey.association` werden Fremdschlüsselbeziehungen zu Stammdaten hergestellt, dadurch werden z. B. die für eine Wertehilfe notwendigen Informationen aus der assoziierten View hinzugelesen. Die Annotation `@ObjectModel.text.association:` stellt die Assoziation zwischen Schlüssel und Text her. Die verwendeten Assoziationen müssen wie ein Feld mit in der View angegeben werden. In unserem Beispiel (siehe Listing 6.1) werden folgende Assoziationen verwendet:

- `_CompanyCode`
- `_CompanyCodeText`
- `_SalesOrganization`
- `_DistributionChannel`
- `_Division`
- `_CustomerText`
- `_Customer`
- `_Product`
- `_Text`
- `_SalesOrder`
- `_SalesOrderItem`

```
@AbapCatalog.sqlViewName: 'ZSQL_SALES'
@AbapCatalog.compiler.compareFilter: true
@AbapCatalog.preserveKey: true
@EndUserText.label: 'Sales order information view'
@VDM.viewType: #BASIC
@ClientHandling.algorithm: #SESSION_VARIABLE

define view ZDDL_I_SALES as select from vbak
left outer join vbap on vbak.vbeln = vbap.vbeln

association [0..1] to I_SalesOrder as _SalesOrder on
$projection.vbeln = _SalesOrder.SalesOrder
```

```
association [0..1] to I_SalesOrderItem as _SalesOrderItem
on $projection.vbeln = _SalesOrderItem.SalesOrder and
$projection.posnr = _SalesOrderItem.SalesOrderItem

association [0..1] to I_Customer as _Customer on $projection.
kunnr = _Customer.Customer

association [0..1] to I_Customer as _CustomerText on
$projection.kunnr = _CustomerText.Customer

association [0..1] to I_CompanyCode as _CompanyCode on
$projection.bukrs_vf = _CompanyCode.CompanyCode

association [0..1] to I_CompanyCode as _CompanyCodeText on
$projection.bukrs_vf = _CompanyCodeText.CompanyCode

association [0..1] to I_Product  as _Product  on
$projection.matnr = _Product.Product

association [0..*] to I_MaterialText as _Text on $projection.
matnr = _Text.Material

association [0..1] to I_SalesOrganization as _
SalesOrganization on
$projection.vkorg = _SalesOrganization.SalesOrganization
association [0..1] to I_DistributionChannel as _
DistributionChannel on
 $projection.vtweg = DistributionChannel.DistributionChannel

association [0..1] to I_Division as _Division on $projection.
spart = _Division.Division

{

@ObjectModel.foreignKey.association: '_SalesOrder'
key vbak.vbeln,

@ObjectModel.foreignKey.association: '_SalesOrderItem'
key posnr,
```

```
@ObjectModel.foreignKey.association: '_CompanyCode'
@ObjectModel.text.association: '_CompanyCodeText'
key bukrs_vf,

@ObjectModel.foreignKey.association: '_SalesOrganization'
vkorg,

@ObjectModel.foreignKey.association: '_DistributionChannel'
vtweg,

@ObjectModel.foreignKey.association: '_Division'
vbak.spart,

@ObjectModel.foreignKey.association: '_Customer'
@ObjectModel.text.association: '_CustomerText'
kunnr,

vbak.erdat,

@ObjectModel.foreignKey.association: '_Product'
@ObjectModel.text.association: '_Text'
matnr,

_CompanyCode,
_CompanyCodeText,
_SalesOrganization,
_DistributionChannel,
_Division,
_CustomerText,
_Customer,
_Product,
_Text,
_SalesOrder,
_SalesOrderItem

}
```

Listing 6.1: ABAP-CDS-Basic-View »ZDDL_I_SALES«

Die View ist damit fertiggestellt und kann in weiteren Views eingesetzt werden. Die Assoziationen werden übrigens bei Verwendung in einer weiteren View übertragen und müssen nicht noch einmal definiert werden. Sie müssen lediglich die Annotationen für die Felder festlegen.

2. Composite View »Kundenauftrags- & Fakturadaten«

In diesem Schritt werden wir die Composite View bestimmen, in der zu den Kundenauftragsdaten die Fakturadaten hinzugelesen werden. Neben einem *Left Outer Join* aus der Tabelle ACDOCA für die Fakturadaten werden Assoziationen für die Felder definiert, welche aus der Tabelle ACDOCA ergänzt werden.

Um die Composite View zu erstellen, legen Sie wieder eine View in einem kundeneigenen Paket an, indem Sie mit der rechten Maustaste auf das Paket klicken und New • Other ABAP Repository Objekt • ❷ Core Data Services • Data Definition wählen (siehe Abbildung 5.29). Ich habe die View *ZDDL_I_SALESOVERVIEW* genannt und wieder in meinem kundeneigenen ❶ Paket *ZANALYSIS* angelegt.

Die SQL-View (`@AbapCatalog.sqlViewName`) habe ich in diesem Fall *ZSQL_SALESOV* genannt. Neben den allgemeinen, bereits in der Basic View definierten Annotationen werden für diese View zwei weitere Annotationen ausgeprägt (siehe Listing 6.2):

- `@VDM.viewType: #COMPOSITE`: definiert, dass diese View den Typ `#COMPOSITE` besitzt. Mit Interface-/Composite Views werden mehrere Basic Views konsolidiert (siehe Abschnitt 1.2).
- `@Analytics: { dataCategory: #CUBE }`: definiert, dass es sich bei dieser View um eine analytische View handelt. Diese Annotation ist notwendig, damit Queries auf diese View aufgesetzt werden können. Mit `dataCategory` wird festgelegt, dass es sich hierbei um einen Cube handelt, in unserem Beispiel um Kundenauftragsdaten, angereichert durch Fakturadaten aus der Tabelle ACDOCA.

```
@AbapCatalog.sqlViewName: 'ZSQL_SALESOV'
@AbapCatalog.compiler.compareFilter: true
```

```
@AbapCatalog.preserveKey: true
@AccessControl.authorizationCheck: #CHECK
@EndUserText.label: 'Sales order with invoices'
@VDM.viewType: #COMPOSITE
@Analytics: { dataCategory: #CUBE }
@ClientHandling.algorithm: #SESSION_VARIABLE

define view ZDDL_I_SALESOVERVIEW as select from ZDDL_I_SALES
left outer join acdoca
    on  ZDDL_I_SALES.vbeln       = acdoca.kdauf
    and ZDDL_I_SALES.bukrs_vf    = acdoca.rbukrs
    and ZDDL_I_SALES.posnr       = acdoca.kdpos
    and acdoca.rldnr = '0L'
    and acdoca.awtyp = 'VBRK'

association [0..1] to I_FiscalYearForCompanyCode as _
FiscalYear on
$projection.gjahr = _FiscalYear.FiscalYear
and $projection.bukrs_vf = _FiscalYear.CompanyCode

association[0..1] to I_FiscalYearPeriodForCmpnyCode as _
FiscalPeriod
on $projection.gjahr = _FiscalPeriod.FiscalYear
and $projection.poper = _FiscalPeriod.FiscalPeriod
and $projection.bukrs_vf = _FiscalPeriod.CompanyCode

association [1..1] to I_FiscalYearVariant as _
FiscalYearVariant on
$projection.periv = _FiscalYearVariant.FiscalYearVariant

association [1..1] to I_Currency as _CompanyCodeCurrency
on $projection.rhcur = _CompanyCodeCurrency.Currency

{

@ObjectModel.foreignKey.association: '_SalesOrder'
key vbeln,

@ObjectModel.foreignKey.association: '_SalesOrderItem'
key posnr,
```

```
@ObjectModel.foreignKey.association: '_CompanyCode'
@ObjectModel.text.association: '_CompanyCodeText'
key bukrs_vf,

@ObjectModel.foreignKey.association: '_SalesOrganization'
ZDDL_I_SALES.vkorg,

@ObjectModel.foreignKey.association: '_DistributionChannel'
ZDDL_I_SALES.vtweg,

@ObjectModel.foreignKey.association: '_Division'
ZDDL_I_SALES.spart,

@ObjectModel.foreignKey.association: '_Customer'
@ObjectModel.text.association: '_CustomerText'
ZDDL_I_SALES.kunnr,

erdat,

@ObjectModel.foreignKey.association: '_Product'
ZDDL_I_SALES.matnr,

@ObjectModel.foreignKey.association: '_FiscalYear'
gjahr,

awref,

awitem,

@ObjectModel.foreignKey.association: '_CompanyCodeCurrency'
@Semantics.currencyCode:true
rhcur,

@DefaultAggregation: #SUM
@Semantics: { amount : {currencyCode: 'rhcur'} }  hsl,

@ObjectModel.foreignKey.association: '_FiscalPeriod'
poper,
```

```
@ObjectModel.foreignKey.association: '_FiscalYearVariant'
periv,

_CompanyCode,
_SalesOrganization,
_DistributionChannel,
_Division,
_Customer,
_Product,
_Text,
_SalesOrder,
_SalesOrderItem,
_FiscalYear,
_CompanyCodeCurrency,
_FiscalPeriod,
_FiscalYearVariant,
_CompanyCodeText,
_CustomerText

}
```

Listing 6.2: ABAP-CDS-Composite-View »ZDDL_I_SALESOVERVIEW«

Die Daten aus der Tabelle ACDOCA werden per Left Outer Join über die Felder Verkaufsbeleg, Position und Buchungskreis sowie über feste Variablen für das Ledger *0L* und den Referenzbelegtyp (acdoca.awtyp) *VBRK* hinzugelesen. Aus der Tabelle ACDOCA werden zu den Feldern der View *ZDDL_I_SALES* (`as select from`) nachfolgende Felder hinzugelesen:

- `awref` (Nummer des Referenzbeleges, in unserem Fall die Faktura)
- `awitem` (Positionsnummer des Referenzbeleges, in unserem Fall die der Fakturaposition)
- `rhcur` (Währung)

- `poper` (Buchungsperiode)
- `gjahr` (Geschäftsjahr)
- `periv` (Geschäftsjahresvariante)
- `hsl` (Betrag in Buchungskreiswährung, in unserem Fall der Betrag der Faktura)

Für diese Felder habe ich mithilfe von Assoziationen (`association [0..1] to`) wieder erforderliche Schlüsselinformationen hinzugelesen (Wertehilfe- und Textinformationen). In dieser View werden folgende Assoziationen verwendet:

- `_CompanyCode` (aus *ZDDL_I_SALES*)
- `_SalesOrganization` (aus *ZDDL_I_SALES*)
- `_DistributionChannel` (aus *ZDDL_I_SALES*)
- `_Division` (aus *ZDDL_I_SALES*)
- `_Customer` (aus *ZDDL_I_SALES*)
- `_Product` (aus *ZDDL_I_SALES*)
- `_Text` (aus *ZDDL_I_SALES*)
- `_SalesOrder` (aus *ZDDL_I_SALES*)
- `_SalesOrderItem` (aus *ZDDL_I_SALES*)
- `_CompanyCodeText` (aus *ZDDL_I_SALES*)
- `_CustomerText` (aus *ZDDL_I_SALES*)
- `_FiscalYear` (neu definiert)
- `_CompanyCodeCurrency` (neu definiert)
- `_FiscalPeriod` (neu definiert)
- `_FiscalYearVariant`(neu definiert)

Mit den Annotationen (`@ObjectModel.foreignKey.association` und `@ ObjectModel.text.association`) werden die Assoziationen den einzelnen Feldern im Quelltext zugeordnet.

Für die Kennzahl `hsl` (Betrag in Buchungskreiswährung) werden nachfolgende Annotationen definiert:

- `@DefaultAggregation: #SUM`: definiert, dass dieses Feld eine Kennzahl ist, die summiert wird.
- `@Semantics: { amount : {currencyCode: 'rhcur'} } hsl`: Mit dieser Zeile wird der Kennzahl `hsl` die Währung `rhcur` zugeordnet.

Die View ist damit final ausgeprägt, und es kann im nächsten Schritt eine Query für diese View angelegt werden.

6.3.2 Query mittels ABAP CDS erstellen

Nachdem die benötigten Views erstellt worden sind, können Sie nun eine Query für die View *ZDDL_I_SALESOVERVIEW* anlegen, entweder mithilfe von ABAP CDS oder mit dem BEx Query Designer. Ich möchte Ihnen nachfolgend beide Möglichkeiten näher erläutern.

1. ABAP CDS – Query für View »ZDDL_I_SALESOVERVIEW« erstellen

Um die Query mit ABAP CDS zu erstellen, wird eine Consumption-View angelegt. Diese legen Sie wieder in Ihrem kundeneigenen Paket an, indem Sie mit der rechten Maustaste auf das Paket klicken und ❶ New • Other ABAP Repository Objekt sowie anschließend ❷ Core Data Services • Data Definition wählen (siehe Abbildung 5.29). Ich habe die View *ZDDL_C_SALESOVERVIEW* genannt und wieder in meinem kundeneigenen Paket *ZANALYSIS* angelegt. Die SQL-View (`@AbapCatalog.sqlViewName`) habe ich mit *ZSQL_SALESQV* bezeichnet. Nachfolgende Annotationen sind für die Query notwendig (siehe Listing 6.3):

- `@VDM.viewType: #CONSUMPTION`: definiert, dass diese View zum Typ `#CONSUMPTION` gehört. Consumption-Views bilden die oberste Hierarchiestufe im Reporting-Modell ab. Sie setzen auf Interface-Views auf und konsolidieren die finalen Daten für den späteren Bericht (siehe Abschnitt 1.2).

- `@Analytics: true`: definiert, dass es sich bei dieser View um eine analytische View handelt.

In ABAP-CDS-Queries müssen alle Zeilen und Spalten sowie Filter manuell definiert werden. Dafür brauchen Sie im Wesentlichen folgende Annotationen:

- `@Consumption.filter: { selectionType: #INTERVAL, multipleSelections: true, mandatory: false }`: Mit der Annotation `@Consumption.filter` wird festgelegt, dass das Feld als Filter in der Query verwendet wird. Mit den Ausprägungen `selectionType`, `multipleSelections` und `mandatory` wird Folgendes definiert:
  - `selectionType: #INTERVAL`: definiert, dass eine Intervallangabe für das Feld im Filter möglich ist.
  - `multipleSelections: true`: bestimmt, dass mehrere Einzelwerte eingegeben werden können.
  - `mandatory: false`: definiert, dass dieser Filter kein Pflichtfeld ist.
- `@AnalyticsDetails.query.axis: #ROWS`: legt fest, dass das Feld als Zeile ausgegeben wird.
- `@AnalyticsDetails.query.totals: #SHOW`: legt fest, dass für dieses Feld Summen angezeigt werden.
- `@AnalyticsDetails.query.axis: #FREE`: legt fest, dass das Feld ein frei verfügbares Merkmal ist.
- `@AnalyticsDetails.query.display: #KEY_TEXT`: zeigt den Schlüsseltext zu einem Feld an.
- `@AnalyticsDetails.query.axis: #COLUMNS`: bestimmt, dass das Feld als Spalte ausgegeben wird.

Für unser Beispiel habe ich festgelegt, dass nachfolgende Felder initial als Zeilen und Spalten ausgegeben werden:

- Zeilen:
    - `bukrs_vf` (Buchungskreis): als Filter mit Summenanzeige und Anzeige des Schlüsseltextes
    - `vbeln` (Verkaufsbeleg): als Filter mit Summenanzeige und Anzeige des Schlüsseltextes
    - `awref` (Referenzbelegnummer, in unserem Fall die der Faktura): mit Summenanzeige
- Spalte:
    - `hsl` (Betrag in Buchungskreiswährung)

```
@AbapCatalog.sqlViewName: 'ZSQL_SALESQV'
@EndUserText.label: 'Query sales order with invoices'
@VDM.viewType: #CONSUMPTION
@ClientHandling.algorithm: #SESSION_VARIABLE
@Analytics.query: true

define view ZDDL_C_SALESOVERVIEW as select from ZDDL_I_
SALESOVERVIEW

{

------------------------------------------------------------
-- ROWS
------------------------------------------------------------

@Consumption.filter: { selectionType: #INTERVAL,
multipleSelections: true, mandatory: false }
@AnalyticsDetails.query.axis: #ROWS
@AnalyticsDetails.query.totals: #SHOW
@AnalyticsDetails.query.display: #KEY_TEXT
bukrs_vf,

@Consumption.filter: { selectionType: #INTERVAL,
multipleSelections: true, mandatory: false }
@AnalyticsDetails.query.axis: #ROWS
@AnalyticsDetails.query.totals: #SHOW
vbeln,
```

```
@AnalyticsDetails.query.axis: #ROWS
@AnalyticsDetails.query.totals: #SHOW
awref,


---------------------------------------------------------------
-- FREE
---------------------------------------------------------------

@AnalyticsDetails.query.axis: #FREE
@AnalyticsDetails.query.display: #KEY_TEXT
@AnalyticsDetails.query.totals: #SHOW
posnr,

@AnalyticsDetails.query.axis: #FREE
@AnalyticsDetails.query.display: #KEY_TEXT
vkorg,

@AnalyticsDetails.query.axis: #FREE
@AnalyticsDetails.query.display: #KEY_TEXT
vtweg,

@AnalyticsDetails.query.axis: #FREE
@AnalyticsDetails.query.display: #KEY_TEXT
spart,

@AnalyticsDetails.query.axis: #FREE
@AnalyticsDetails.query.display: #KEY_TEXT
kunnr,

@AnalyticsDetails.query.axis: #FREE
@AnalyticsDetails.query.display: #KEY_TEXT
erdat,

@AnalyticsDetails.query.axis: #FREE
@AnalyticsDetails.query.display: #KEY_TEXT
@AnalyticsDetails.query.totals: #SHOW
matnr,
```

```
@Consumption.filter: { selectionType:
#INTERVAL,multipleSelections: true, mandatory: false }
@AnalyticsDetails.query.axis: #FREE
@AnalyticsDetails.query.display: #KEY_TEXT
@AnalyticsDetails.query.totals: #SHOW
gjahr,

@AnalyticsDetails.query.axis: #FREE
@AnalyticsDetails.query.display: #KEY_TEXT
@AnalyticsDetails.query.totals: #SHOW
awitem,

@AnalyticsDetails.query.axis: #FREE
rhcur,

@Consumption.filter: { selectionType:
#INTERVAL,multipleSelections: true, mandatory: false }
@AnalyticsDetails.query.axis: #FREE
@AnalyticsDetails.query.display: #KEY_TEXT
@AnalyticsDetails.query.totals: #SHOW
poper,

@AnalyticsDetails.query.axis: #FREE
@AnalyticsDetails.query.display: #KEY_TEXT
periv,


------------------------------------------------------------
-- Key Figures
------------------------------------------------------------


@AnalyticsDetails.query.axis: #COLUMNS
hsl

}
```

Listing 6.3: ABAP-CDS-Query »ZDDL_C_SALESOVERVIEW«

Die Query View ist nun final ausgeprägt und kann im Query-Monitor (Transaktion *RSRT*; siehe Abschnitt 3.2.3) getestet werden. Im Query-Monitor müssen Sie dafür nicht den Namen der ABAP-CDS-View angeben, sondern den der SQL-Datenbankview (`@AbapCatalog.sqlViewAppendName`) mit dem führenden Präfix *2C** (siehe Abschnitt 3.2.3). In unserem Beispiel geben Sie also in der Transaktion *RSRT* die Datenbankview *ZSQL_SALESQV* mit dem Präfix *2C (2CZSQL_SALESQV)* ein und führen die Query aus. Das System ergänzt automatisch den SQL-Datenbankview-Namen (*ZSQL_SALESOV*) der View *ZDDL_I_SALESOVERVIEW* vor *2CZSQL_SALESQV*, da die Query View auf dieser basiert (siehe Abbildung 6.18).

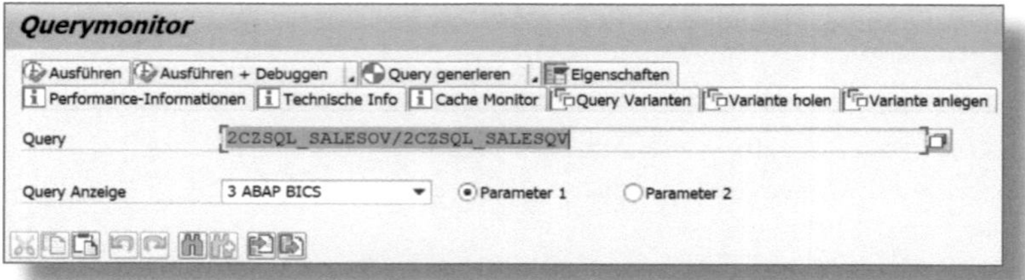

Abbildung 6.18: ABAP-CDS-Query »ZDDL_C_SALESOVERVIEW« im Query-Monitor

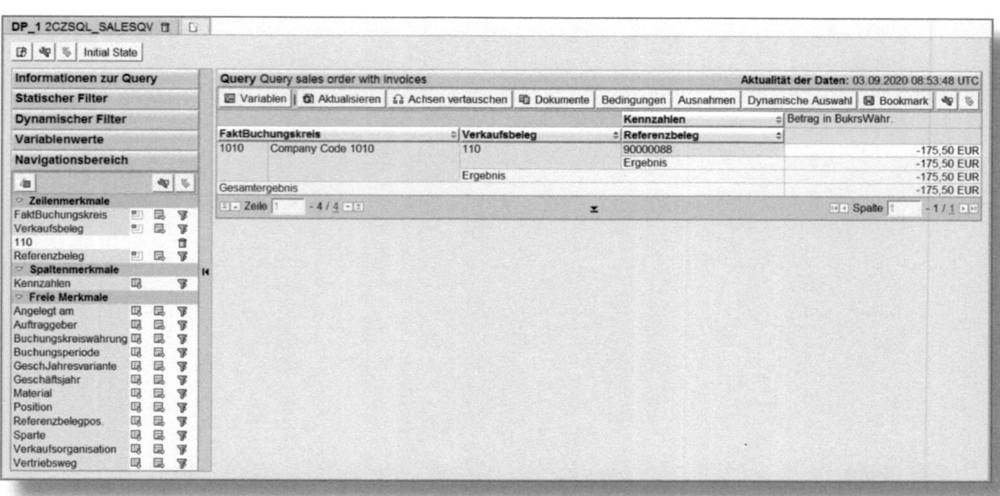

Abbildung 6.19: Ergebnis der ABAP-CDS-Query »ZDDL_C_SALESOVERVIEW« im Query-Monitor

Nach dem Ausführen sehen Sie das Ergebnis der Query. Korrekterweise werden hier die Zeilen für Buchungskreis, Verkaufsbeleg und Referenzbeleg sowie die Spalte für den Betrag in Buchungskreiswährung angezeigt. Alle weiteren Merkmale sind gemäß Ihrer Definition frei verfügbar (siehe Abbildung 6.19).

2. BEx Query Designer – Query für View »ZDDL_I_SALESOVERVIEW« erstellen

Neben der Möglichkeit, mit ABAP CDS eine Query zu erstellen, können Sie auch per *BEx Query Designer* eine Query für die View *ZDDL_I_SALESOVERVIEW* entwickeln. Für unser Beispiel habe ich mit dem BEx Query Designer eine einfache Query für die View erstellt. Als InfoProvider für die Query wählen wir die View. Anschließend können wir die Felder aus den Kennzahlen und Dimensionen (DATA, KEY, UNIT) selektieren. Zur initialen Ausgabe habe ich in diesem Fall wieder die Felder Buchungskreis, Kundenauftrag und Referenzbeleg sowie die Kennzahl Betrag in Buchungskreiswährung hinzugefügt (siehe Abbildung 6.20).

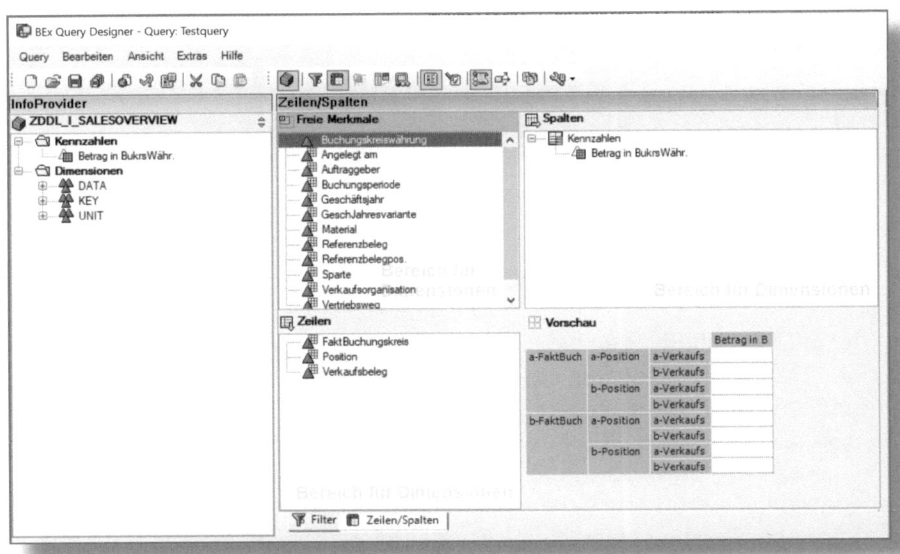

Abbildung 6.20: BEx Query für View »ZDDL_I_SALESOVERVIEW«

Das Ergebnis habe ich in SAP Analysis for Microsoft Office geprüft. Auch hier werden die Daten korrekt angezeigt (siehe Abbildung 6.21).

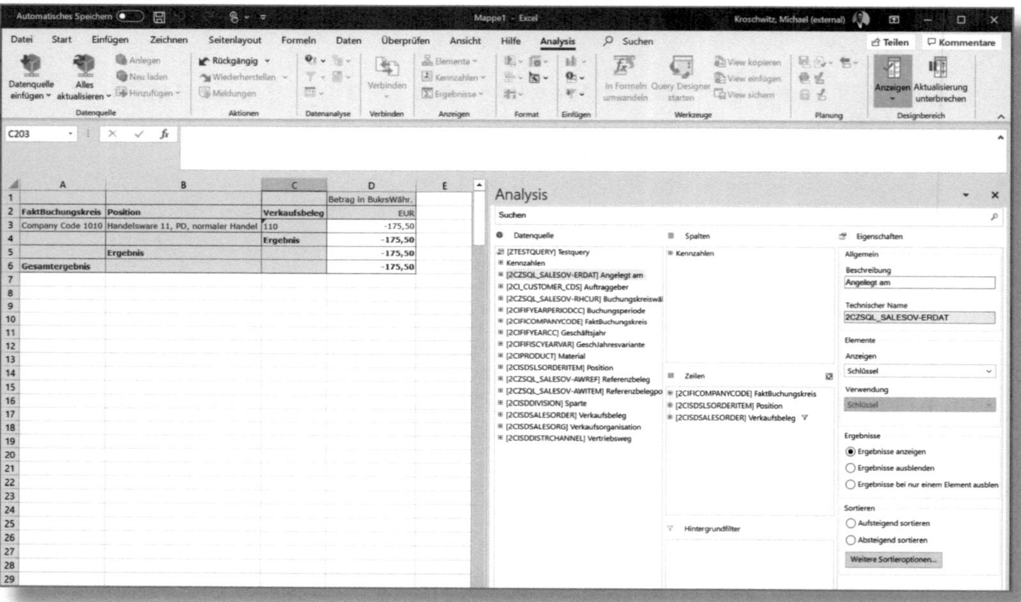

Abbildung 6.21: Ergebnis der BEx Query für View »ZDDL_I_SALESOVERVIEW« in SAP Analysis for Microsoft Office

6.3.3 SAP-Fiori-App anlegen

Im letzten Schritt legen wir die SAP-Fiori-App an. Rufen Sie hierzu mit der Transaktion */ui2/flpd_cust* den SAP Fiori Launchpad Designer auf und wechseln Sie zu Ihrem kundeneigenen Katalog, in unserem Beispiel ZANALYTICS. Als Kacheltyp wählen wir auch hier wieder APP-LAUNCHER – STATISCH (siehe Abschnitt 5.3.1). Anschließend können Sie einen Namen sowie die semantische Objektnavigation auswählen. Für unser Beispiel habe ich die Kachel ❶ *Kundenaufträge & Fakturen* mit dem Untertitel *Analytics in S/4 – CDS View* genannt. Als semantisches Objekt verwende ich wieder das in Abschnitt 5.3.1 angelegte

Objekt *Analytics* mit der neuen ❷ AKTION *analyzeSOCDS*, die frei wählbar ist (siehe Abbildung 6.22).

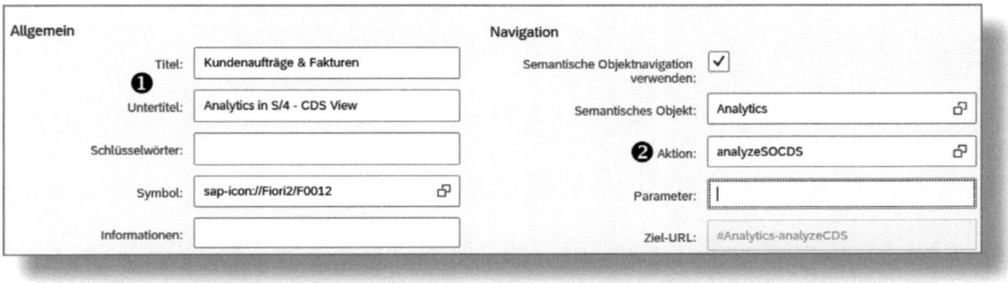

Abbildung 6.22: Definition der SAP-Fiori-Kachel »Kundenaufträge & Fakturen« – ABAP-CDS-Query

Nachdem die Kachel definiert worden ist, wechseln Sie zu den ZIELZUORDNUNGEN und legen eine neue ZIELZUORDNUNG an – in unserem Beispiel für das semantische Objekt ❶ *Analytics* mit der Aktion *analyzeSOCDS*. Als ❷ URL müssen wir auch hier den Pfad */sap/bc/ui5_ui5/sap/FIN_DS_ANALYZE* und als ID *fin.acc.query.analyze* angeben. Als ❸ PARAMETER ergänzen wir in diesem Fall *XSYSTEM* mit dem Standardwert *LOCAL* sowie *XQUERY* mit dem Namen der ABAP-CDS-Query und dem Präfix, *2C ZSQL_SALESQV*. Nach dem Sichern ist die App vollständig definiert und kann im SAP Fiori Launchpad getestet werden (siehe Abbildung 6.23).

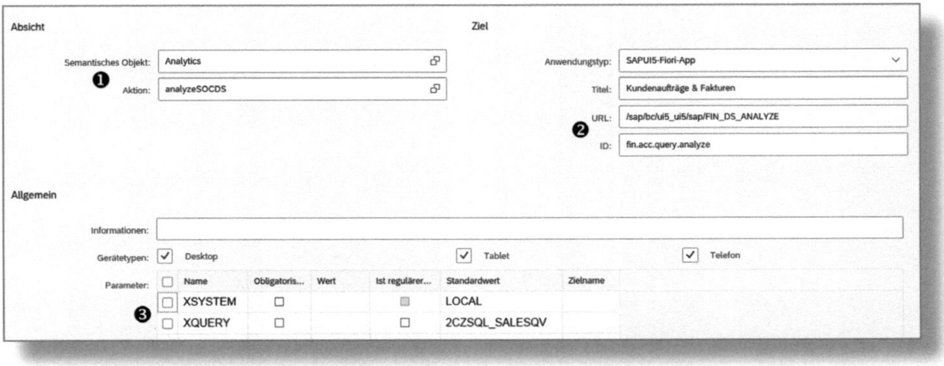

Abbildung 6.23: Definition der SAP-Fiori-Kachel »Kundenaufträge & Fakturen« – ABAP-CDS-Query, Zielzuordnung

6.3.4 Rolle erweitern

Da wir die SAP-Fiori-Kachel in unserem Z-Katalog ZANALYTICS angelegt haben und dieser bereits in der Rolle Z_ANALYTICS_S4 enthalten ist, muss in der Rolle nichts ergänzt werden (siehe Abschnitt *5.3.1*).

6.3.5 Ergebnis im SAP Fiori Launchpad

Abschließend können wir uns das Ergebnis im SAP Fiori Launchpad anzeigen lassen. Dazu fügen wir die App über den App Finder unserer Startseite hinzu. Als Ergebnis wird korrekterweise der Wert *-175,50 EUR* für den Kundenauftrag *110* dargestellt (siehe Abbildung 6.24). Wie in Abbildung 6.24 zu sehen, wird im SAP Fiori Launchpad als Titel die Bezeichnung der ABAP-CDS-Query eingeblendet. Diese haben wir in Abschnitt 6.3.2 mit dem Befehl `@EndUserText.label: 'Query sales order with invoices'` definiert.

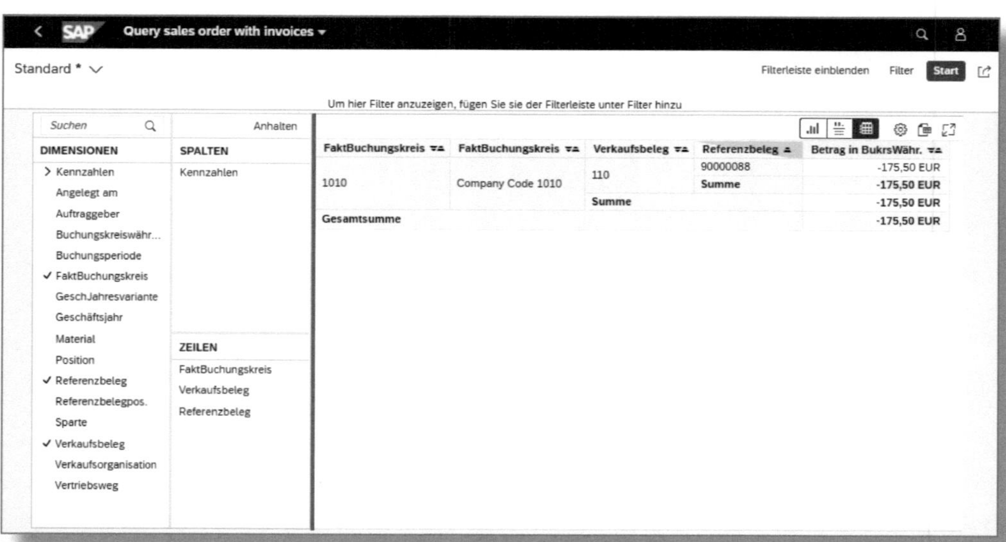

Abbildung 6.24: Ergebnis der ABAP-CDS-Query im SAP Fiori Launchpad

6.4 Benutzerdefinierte analytische Abfrage für eigene Berichte

In Kapitel 3 habe ich Ihnen erläutert, wie Sie für existierende CDS-Views benutzerdefinierte Abfragen entwickeln.

Da wir für unseren kundeneigenen Bericht ebenfalls eine ABAP-CDS-Composite-View (siehe Abschnitt 6.3.1) erstellt haben, können wir für diese natürlich auch eine benutzerdefinierte Abfrage anlegen. Ich möchte Ihnen in diesem Abschnitt zeigen, wie einfach es ist, für unsere ABAP-CDS-View *ZDDL_I_SALESOVERVIEW* eine benutzerdefinierte Abfrage zu erstellen.

Um für unsere View eine benutzerdefinierte Abfrage zu erstellen, rufen Sie zunächst die SAP-Fiori-App »Benutzerdefinierte analytische Abfragen« über das SAP Fiori Launchpad auf und erstellen über Neu eine weitere Abfrage. Da ich in Abschnitt 3.3 bereits ausführlich die einzelnen Schritte dazu erläutert habe, verzichte ich an dieser Stelle darauf.Nun können Sie einen Namen für die Abfrage vergeben sowie eine Datenquelle auswählen. In unserem Beispiel habe ich die Abfrage *ZZ1_SALESOV* (das Präfix *ZZ1_* wird aus dem Customizing übernommen) benannt und als Datenquelle unsere ABAP-CDS-View *ZDDL_I_SALESOVERVIEW* festgelegt (siehe Abbildung 6.25).

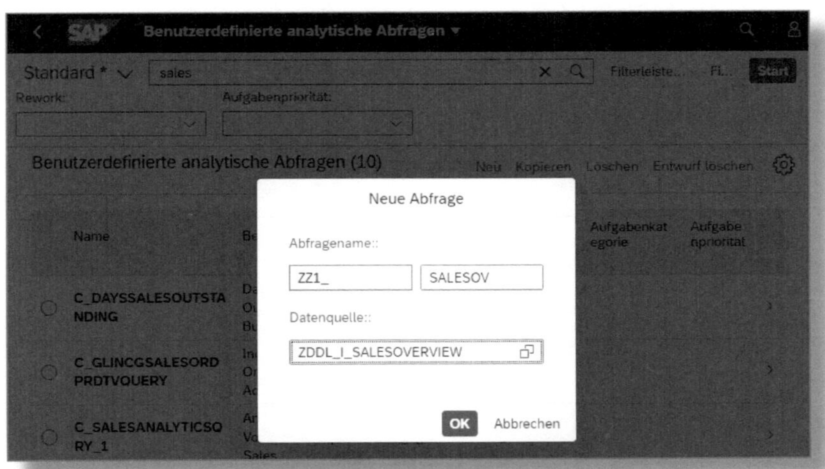

Abbildung 6.25: Benutzerdefinierte Abfrage für ABAP-CDS-View »ZDDL_I_SALESOVERVIEW«

In der Feldauswahl habe ich alle Felder für die Ausgabe markiert und als initiale Zeilen FaktBuchungskreis, Verkaufsbeleg sowie Referenzbeleg bestimmt. Als Spalte wird der Betrag in Buchungskreiswährung angezeigt (siehe Abbildung 6.26).

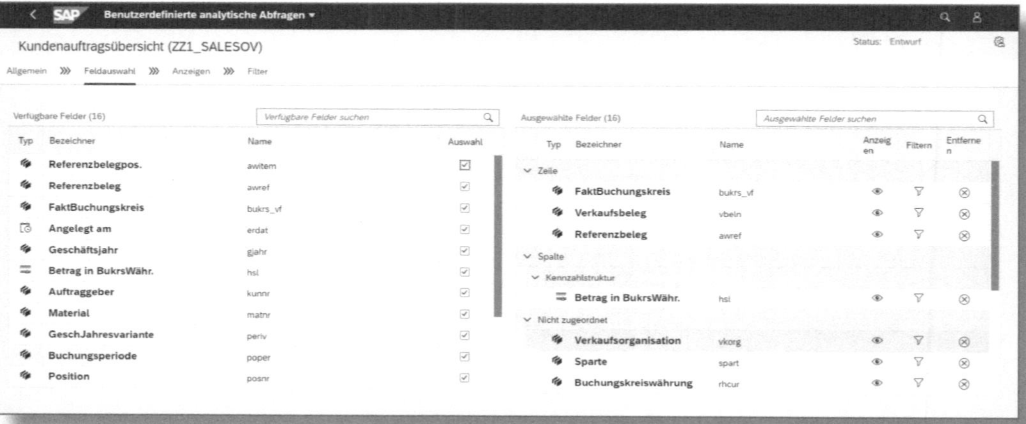

Abbildung 6.26: Feldauswahl der benutzerdefinierten analytischen Abfrage für View »ZDDL_I_SALESOVERVIEW«

Nach Definition der Felder für die Ausgabe und Filter kann die Abfrage gespeichert und ausgeführt werden. Wie in den zuvor erstellten Queries (siehe Abschnitt 6.2 und Abschnitt 6.3) wird dasselbe Ergebnis in Höhe von *-175,50 EUR* für den Kundenauftrag *110* angezeigt (siehe Abbildung 6.27).

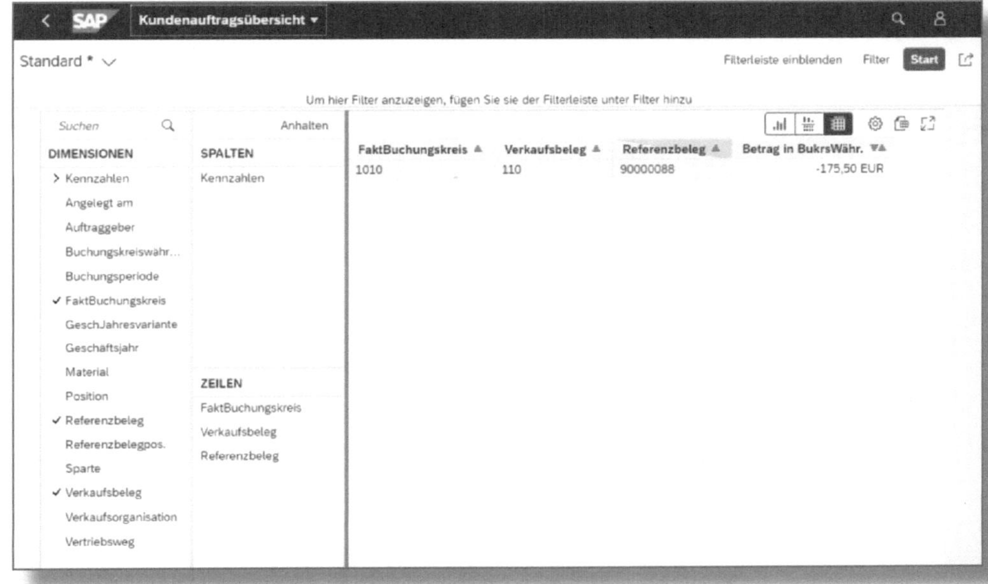

Abbildung 6.27: Ergebnis der benutzerdefinierten analytischen Abfrage »ZZ1_SALESOV«

7 Möglichkeiten des Zugriffs und der Visualisierung

In diesem Kapitel möchte ich Ihnen einen kleinen Ausblick auf Zugriffs- und Visualisierungsmöglichkeiten für SAP HANA Calculation Views und ABAP-CDS-Views geben.

7.1 OData als Grundlage der Datenextraktion für ABAP-CDS-Views

Die Grundlage für den externen Zugriff auf ABAP-CDS-Views bildet ein OData (HTTP-basiertes Protokoll für den Datenzugriff zwischen kompatiblen Softwaresystemen). Dieses kann mit der Annotation `@OData.publish: true` automatisch für eine ABAP-CDS-View erstellt werden.

Sobald dieser Parameter auf `true` gesetzt ist, wird im Hintergrund automatisch ein OData für die jeweilige View generiert. Dieses kann anschließend in der Transaktion */iwfnd/maint_service* dem System hinzugefügt werden und ist somit bereit für den externen Zugriff. Das OData kann von beliebig vielen Applikationen ausgelesen werden, wie z. B. Microsoft Power Query für Excel, Microsoft Power BI etc.

Damit Sie ein Gefühl für die Praxis erhalten, habe ich für die ABAP-CDS-View *ZDDL_I_SALESOVERVIEW* aus dem Beispiel des Abschnitts 6.3 ein OData generiert.

Zunächst habe ich dafür die View um die Annotation `@OData.publish: true` ergänzt (siehe Listing *7.1*).

```
@AbapCatalog.sqlViewName: 'ZSQL_SALESOV'
@AbapCatalog.compiler.compareFilter: true
@AbapCatalog.preserveKey: true
@AccessControl.authorizationCheck: #CHECK
@EndUserText.label: 'Sales order with invoices'
```

```
@VDM.viewType: #COMPOSITE
@Analytics: { dataCategory: #CUBE }
@ClientHandling.algorithm: #SESSION_VARIABLE

@OData.publish: true

define view ZDDL_I_SALESOVERVIEW as select from ZDDL_I_SALES
left outer join acdoca
    on  ZDDL_I_SALES.vbeln       = acdoca.kdauf
    and ZDDL_I_SALES.bukrs_vf    = acdoca.rbukrs
    and ZDDL_I_SALES.posnr       = acdoca.kdpos
    and acdoca.rldnr = '0L'
    and acdoca.awtyp = 'VBRK'
```

Listing 7.1: OData-Annotation in CDS-View »ZDDL_I_SALESOVERVIEW«

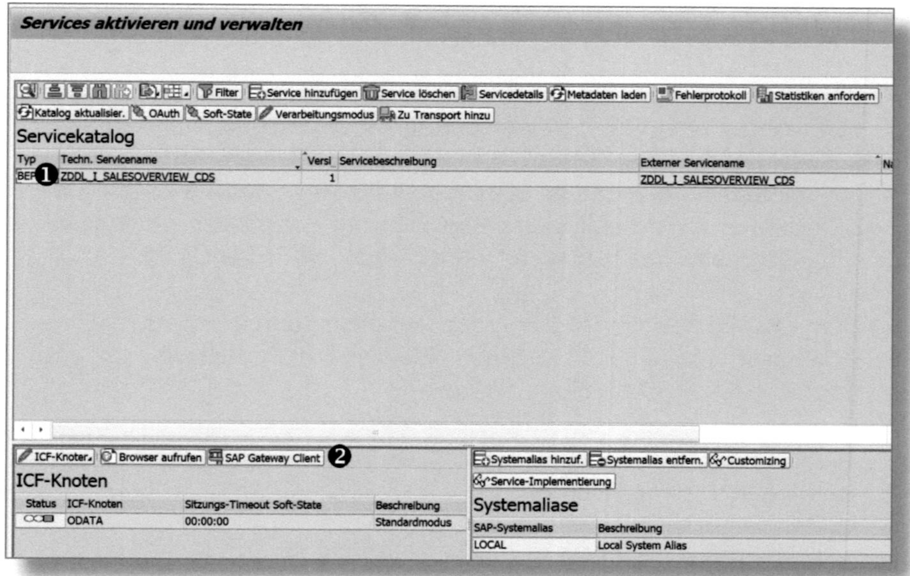

Abbildung 7.1: OData »ZDDL_I_SALESOVERVIEW_CDS« in Transaktion »/iwfnd/maint_service«

Mit Aktivierung der View wird im Hintergrund automatisch das ❶ OData *ZDDL_I_SALESOVERVIEW_CDS* generiert. Dessen Name ist bis auf den Zusatz *_CDS* identisch mit dem der View. Anschließend kann das OData in der Transaktion */iwfnd/maint_service* aktiviert werden (siehe Abbildung 7.1).

Getestet werden kann das OData ebenfalls mithilfe der Transaktion */iwfnd/maint_service*. Über den ❷ SAP Gateway Client gelangen Sie zum Testmonitor für OData. In unserem Beispiel habe ich die Daten des OData beispielhaft abgerufen, um zu prüfen, ob alle korrekt wiedergegeben werden. Das OData steht nun zum Abruf durch externe Programme bereit (siehe Abbildung 7.2).

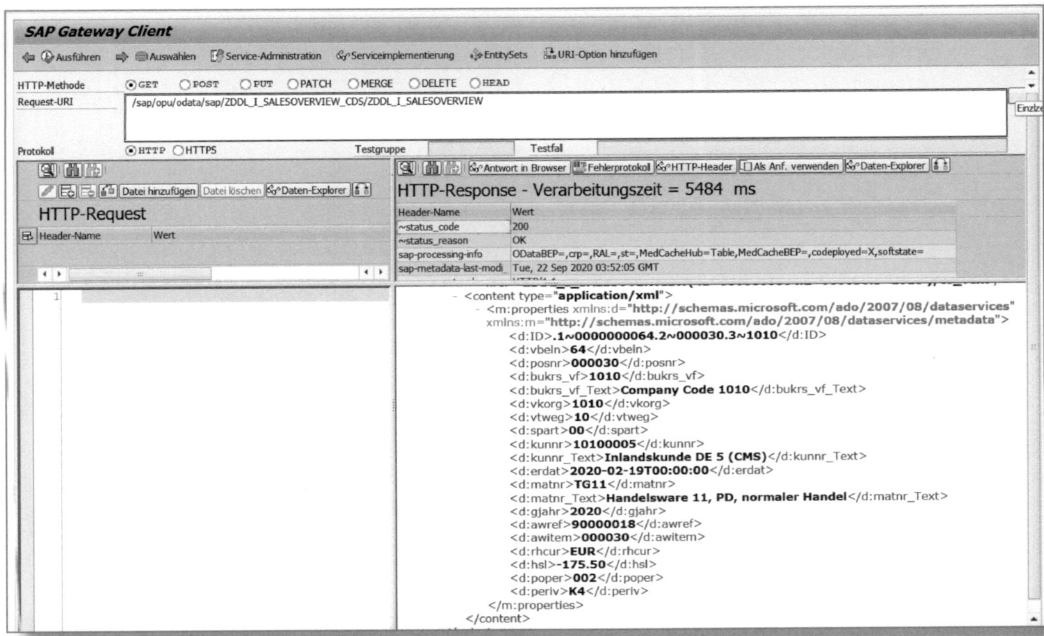

Abbildung 7.2: Ergebnis OData »ZDDL_I_SALESOVERVIEW_CDS«

7.2 SAP-Fiori-Applikationen

In diesem Buch haben Sie bisher kennengelernt, dass die erstellten Queries mit der SAPUI5-Applikation FIN_DS_ANALYZE im SAP Fiori Launchpad visualisiert wurden (siehe Abschnitt 2.2).

Es ist jedoch auch möglich, eigene SAP-Fiori-Applikationen auf ABAP-CDS-Views aufzusetzen, sobald ein OData für eine ABAP-CDS-View vorhanden ist.

Darüber hinaus bieten ABAP-CDS-Views die Möglichkeit, *UI-Annotationen* zu definieren, die per OData in einer SAP-Fiori-Applikation ausgelesen werden können. Im folgenden Beispiel habe ich die Annotation `@UI.lineItem` einer ABAP-CDS-View hinzugefügt. Diese Annotation sorgt dafür, dass die einzelnen Felder z. B. an Position 10, 20 und 30 in einer SAP-Fiori-List-Report-Applikation dargestellt werden (siehe Listing 7.2).

```
@UI.lineItem: [{ position: 10 }]
@ObjectModel.foreignKey.association: '_SalesOrder'
key vbeln,

@UI.lineItem: [{ position: 20 }]
@ObjectModel.foreignKey.association: '_SalesOrderItem'
key posnr,
@UI.lineItem: [{ position: 30 }]
@ObjectModel.foreignKey.association: '_CompanyCode'
@ObjectModel.text.association: '_CompanyCodeText'
key bukrs_vf,
```

Listing 7.2: Beispiel einer UI-Annotation in »ABAP-CDS-View«

In den nachfolgenden Abbildungen sehen Sie Beispiele für mögliche SAP-Fiori-Applikationen, die auf ABAP-CDS-Views basieren und UI-Annotationen verwenden.

Holen Sie sich Expertenunterstützung

Für die Entwicklung von SAP-Fiori-Applikationen sind Entwicklungskenntnisse und weitere Entwicklungswerkzeuge wie z. B. SAP Web IDE notwendig. Daher sollten Sie Rücksprache mit Ihren Kollegen aus der Entwicklung halten, wenn Sie eine solche Applikation programmieren möchten.

Nachfolgend sehen Sie eine einfache Kundenauftragsübersicht. Hierfür ist eine simple ABAP-CDS-View gefordert, in der mit UI-Annotationen z. B. Positionsinformationen mitgegeben werden können. Die SAP-Fiori-List-Report-Applikation liest in diesem Fall über das OData die Annotationen aus und baut die Tabelle entsprechend auf (siehe Abbildung 7.3).

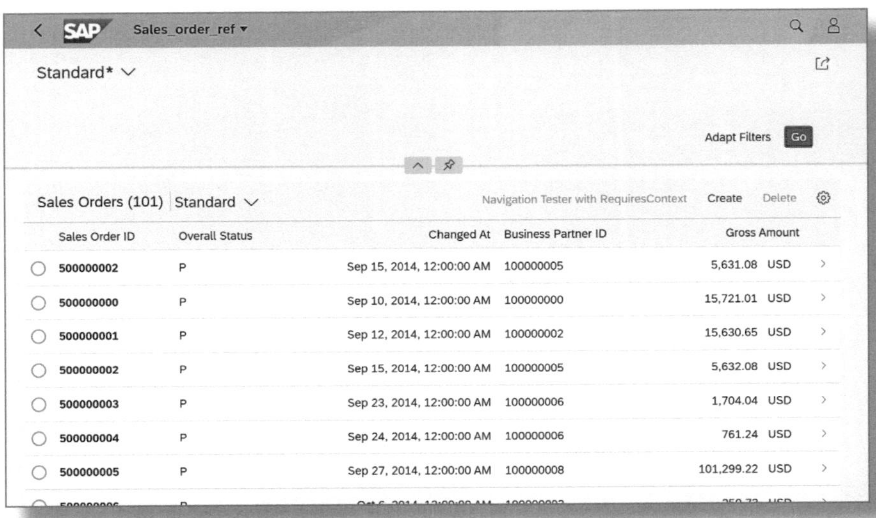

Abbildung 7.3: SAP-Fiori-List-Report – Kundenauftragsübersicht

Bei komplexeren SAP-Fiori-Applikationen, wie z. B. einer Analytical List Page, sind mehrere ABAP-CDS-Views erforderlich, die Daten für bestimmte Bereiche oder Diagramme der Übersichtsseite liefern (siehe Abbildung 7.4).

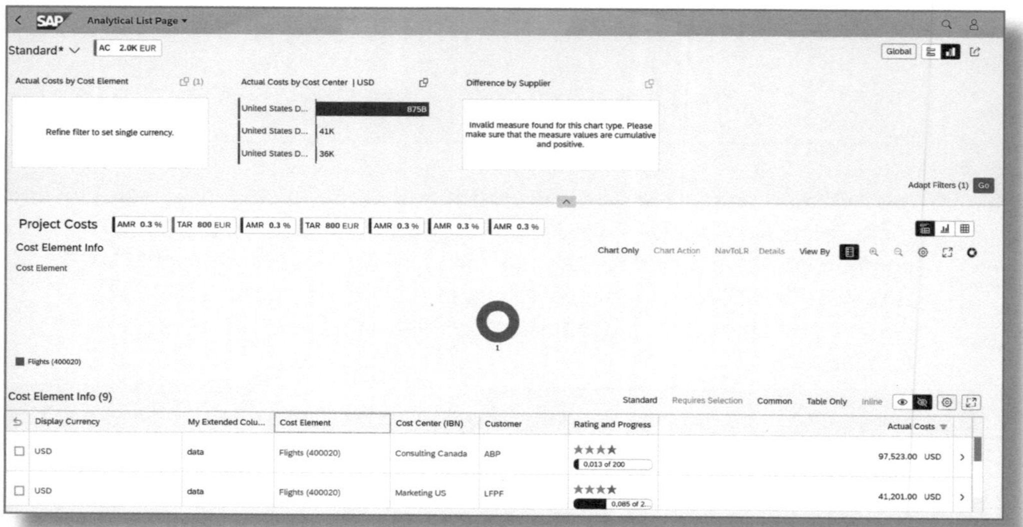

Abbildung 7.4: Analytical List Page

7.3 SAP Analytics Cloud

Als strategisches Reporting-Tool von SAP darf in diesem Abschnitt SAP Analytics Cloud natürlich nicht fehlen. Viele strategische Reporting-Themen, wie z. B. das Erstellen von Dashboards oder die Unternehmensplanung werden strategisch in SAP Analytics Cloud umgesetzt.

Als Basis dafür dienen die Daten aus dem SAP-ERP-System, die wiederum aus ABAP-CDS-Views oder SAP HANA Calculation Views gelesen werden können. Abbildung 7.5 soll veranschaulichen, wie die Daten aus dem SAP-ERP-System extrahiert und in SAP Analytics Cloud konsumiert werden können. Die Daten werden mithilfe einer ❶ ABAP-CDS-View aus den Datenbanktabellen gelesen. In SAP Analytics Cloud werden die Daten in einem ❷ Modell (Datenmodell) konsumiert. In solch einem Modell wird entschieden, aus welcher Datenquelle (Datei oder Datenquelle über Live-Verbindung zu SAP S/4HANA) die Daten extrahiert werden. ❸ Storys wiederum dienen dazu, die Daten z. B. in Form von Dashboards zu visualisieren.

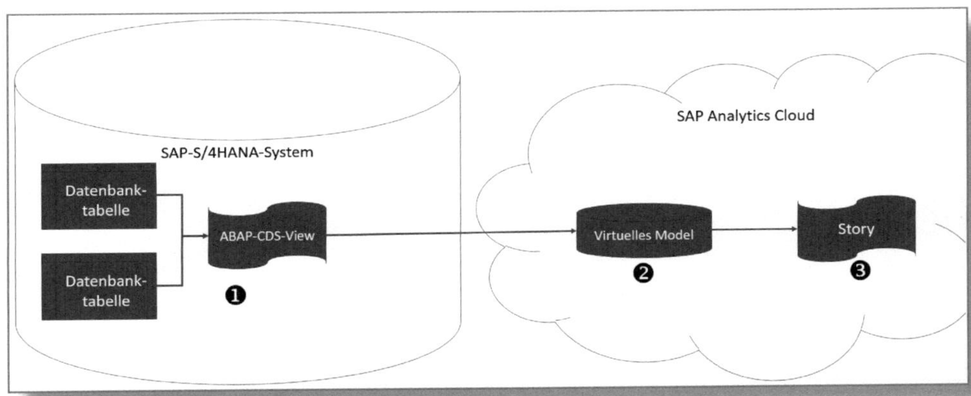

Abbildung 7.5: Datenextraktion aus SAP S/4HANA zu SAP Analytics Cloud

Da die Gestaltung von Modellen und Storys nicht trivial ist und den Rahmen dieses Buches sprengen würde, belasse ich es an dieser Stelle bei der Erklärung der Datenextraktion.

Buchtipp »SAP® Analytics Cloud«

Mehr zu diesem Thema finden Sie im Buch »SAP® Analytics Cloud« (Kraus/Kerner, Espresso Tutorials, 2018).

7.4 Microsoft Excel

In Microsoft Excel stehen Ihnen diverse Tools zur Verfügung, mit denen entweder über OData oder direkt auf Queries zugegriffen werden kann, um Daten in Excel zu konsumieren und zu visualisieren. In diesem Abschnitt möchte ich Ihnen kurz *Microsoft Power Query* und *SAP Analysis for Microsoft Office* vorstellen.

7.4.1 Microsoft Power Query

Microsoft Power Query ist ein kostenloses Add-in für Microsoft Excel, das seit Microsoft Office 2016 automatisch in Excel installiert ist. Mittlerweile ist das Tool nicht mehr unter Power Query, sondern unter Daten abrufen in Excel integriert (siehe Abbildung 7.6).

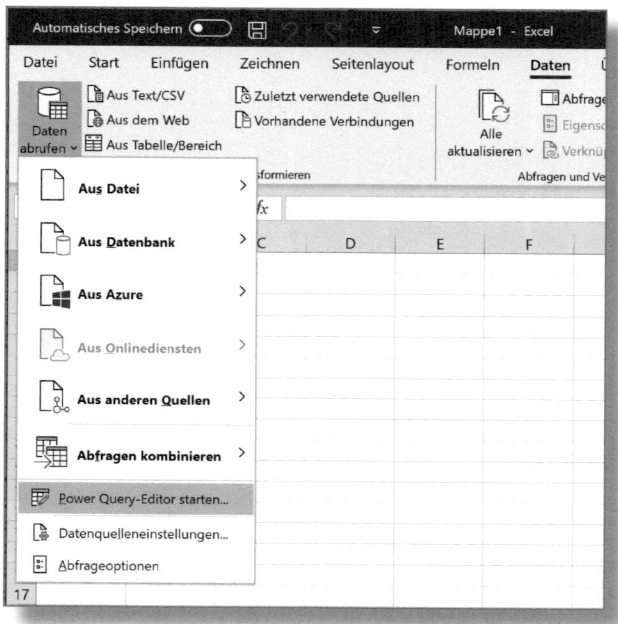

Abbildung 7.6: Power Query – Daten abrufen in Microsoft Excel

Mit Power Query lassen sich Daten aus unterschiedlichsten Datenquellen abrufen und in Excel konsumieren. Eine Datenquelle ist u. a. ein OData, mit dem beispielsweise Daten aus ABAP-CDS-Views extrahiert werden können, für die die Annotation `@OData.publish:` auf `true` gesetzt wurde (siehe Abschnitt 7.1).

Um Ihnen die Funktion zu veranschaulichen, möchte ich Ihnen exemplarisch an dem in Abschnitt *7.1* erstellten OData zeigen, wie Sie die Daten mithilfe von Power Query auslesen.

Dafür öffnen Sie Excel, wechseln zur Registerkarte Daten und wählen dort Daten abrufen • Aus anderen Quellen • ❶ Aus OData-Datenfeed aus. Im darauffolgenden Fenster legen Sie als Authentifizierungsmethode ❷ Standard fest, füllen die Felder Benutzername und Kennwort und geben den Link zum ❸ OData ein, in unserem Beispiel *https://SYSTEM-URL/sap/opu/odata/sap/ZDDL_I_SALES-OVERVIEW*. Nachdem Sie Verbinden gewählt haben, wird die Verbindung zum System hergestellt, und die Daten werden abgerufen (siehe Abbildung 7.7).

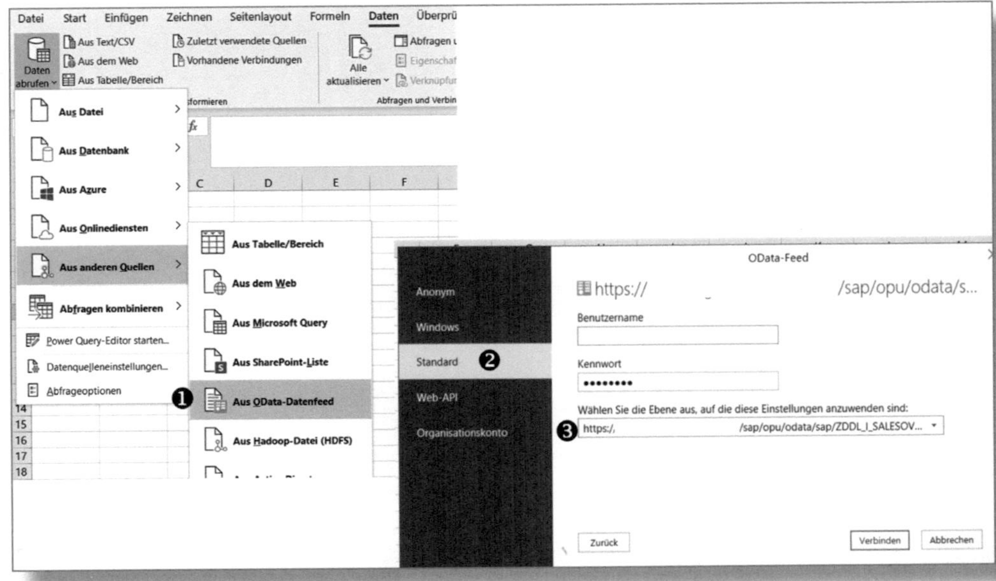

Abbildung 7.7: Abruf von OData in Microsoft Excel

Nach Herstellung der Verbindung zum System werden alle Datenentitäten des OData angezeigt, in unserem Beispiel u. a. auch alle ABAP-CDS-Views, die über Assoziationen (siehe Abschnitt 6.3.1) hinzugelesen wurden. Ich wähle hier unsere View bzw. Entität *ZDDL_I_SALESOVERVIEW* und starte den Ladeprozess über den Button Laden (siehe Abbildung 7.8).

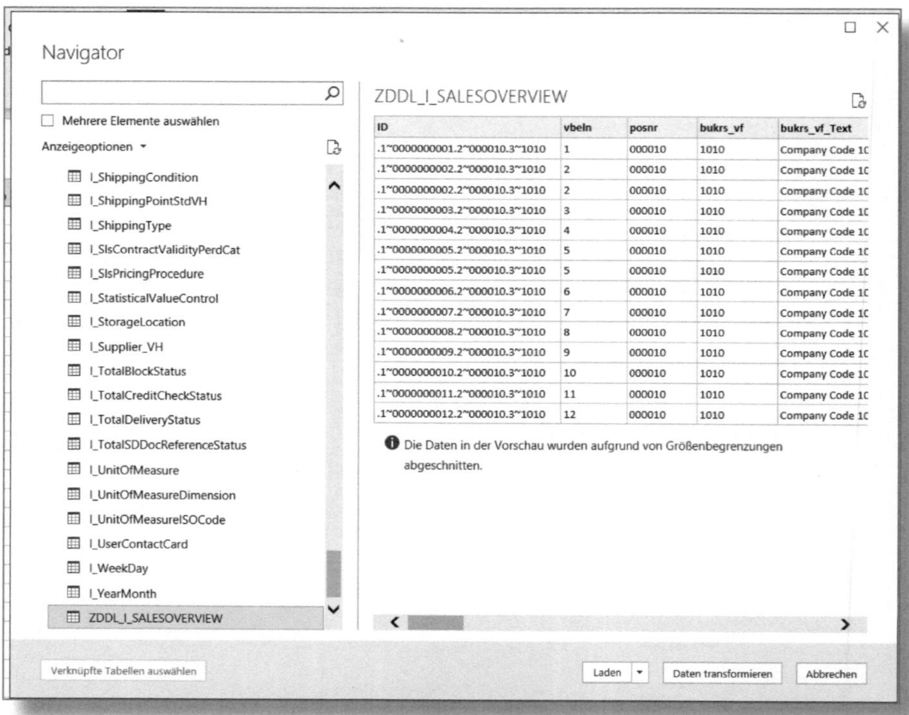

ID	vbeln	posnr	bukrs_vf	bukrs_vf_Text
.1~0000000001.2~000010.3~1010	1	000010	1010	Company Code 1C
.1~0000000002.2~000010.3~1010	2	000010	1010	Company Code 1C
.1~0000000002.2~000010.3~1010	2	000010	1010	Company Code 1C
.1~0000000003.2~000010.3~1010	3	000010	1010	Company Code 1C
.1~0000000004.2~000010.3~1010	4	000010	1010	Company Code 1C
.1~0000000005.2~000010.3~1010	5	000010	1010	Company Code 1C
.1~0000000005.2~000010.3~1010	5	000010	1010	Company Code 1C
.1~0000000006.2~000010.3~1010	6	000010	1010	Company Code 1C
.1~0000000007.2~000010.3~1010	7	000010	1010	Company Code 1C
.1~0000000008.2~000010.3~1010	8	000010	1010	Company Code 1C
.1~0000000009.2~000010.3~1010	9	000010	1010	Company Code 1C
.1~0000000010.2~000010.3~1010	10	000010	1010	Company Code 1C
.1~0000000011.2~000010.3~1010	11	000010	1010	Company Code 1C
.1~0000000012.2~000010.3~1010	12	000010	1010	Company Code 1C

Abbildung 7.8: Ladevorschau von OData »ZDDL_I_SALESOVERVIEW«

Anschließend werden die Daten vollständig geladen und in einer filterbaren Tabelle dargestellt. Mit diesen Daten können Sie jetzt wie gewohnt in Excel arbeiten (Pivot, Diagramme etc.). Ich habe wie in unserem Beispiel aus Kapitel 6 den Kundenauftrag *110* gefiltert, um Ihnen dasselbe Resultat zu zeigen (siehe Abbildung 7.9).

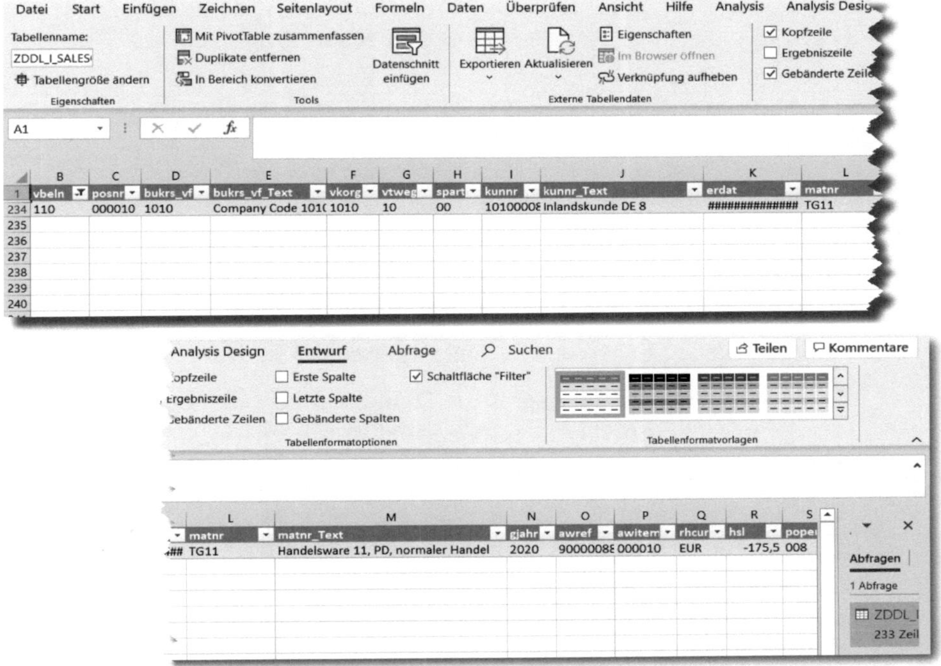

Abbildung 7.9: Ergebnis von OData »ZDDL_I_SALESOVERVIEW«

7.4.2 SAP Analysis for Microsoft Office

Zum Testen von Queries habe ich in den vorherigen Abschnitten dieses Buches schon öfter *SAP Analysis for Microsoft Office* erwähnt und verwendet. Ich möchte Ihnen in diesem Abschnitt Hintergrundinformationen geben sowie das Aufrufen von Datenquellen näher erläutern.

SAP Analysis for Microsoft Office als Excel-Add-in gehört zur Produktfamilie SAP Business Objects Analysis und ist im Gegensatz zu Microsoft Power Query (siehe Abschnitt 7.4.1) nicht frei verfügbar, sondern nur in Verbindung mit einer SAP-Lizenz erhältlich.

SAP Analysis for Microsoft Office ermöglicht die mehrdimensionale Analyse von OLAP-Datenquellen direkt in Microsoft Excel. Neben Excel wird auch noch ein Add-in für Microsoft PowerPoint bereitgestellt, mit dem es möglich ist, Analysen direkt in Präsentationen einzubinden.

Sie können SAP-Queries, Query Views und InfoProvider als Datenquelle verwenden, damit Anwender flexible Analysen auf Basis verschiedener Datenquellen (Kreuztabellen pro Excel-Blatt) erstellen und als Workbooks speichern sowie verteilen können.

Mit SAP Analysis for Microsoft Office werden in Microsoft Excel ❶ zwei neue Registerkarten zur Verfügung gestellt (siehe Abbildung 7.10):

- Analysis: Hier werden die Datenquellen definiert und angepasst.
- Analysis Design: dient zur Datenanalyse. Es können Diagramme, Formeln etc. angewendet werden.

Ich möchte Ihnen kurz zeigen, wie Sie die in diesem Buch vorgestellten Datenquellen (Queries und InfoProvider) öffnen. Auf der Registerkarte Analysis klicken Sie auf Datenquelle einfügen und dann auf ❶ Datenquelle für Analyse definieren. Anschließend wählen Sie aus der Systemliste Ihr SAP-S/4HANA-System, in dem Sie die Analysen erstellt haben.

Abbildung 7.10: SAP Analysis for Microsoft Office in Excel

Nachdem Sie Ihr System ausgewählt und sich angemeldet haben, werden Ihnen die möglichen Datenquellen angezeigt. Auf der Registerkarte Bereich sehen Sie die im System definierten InfoAreas (siehe Abschnitt 1.2.1). Die von mir erstellten Praxisbeispiele sind in den InfoAreas Kundeneigene (virtuelle InfoProvider; siehe Abschnitt 5.3.1) und Nicht zugeordnete Knoten (ABAP-CDS-Queries; siehe Abschnitt 6.3.2) enthalten (siehe Abbildung 7.11). Jetzt können Sie eine Datenquelle auswählen und analysieren.

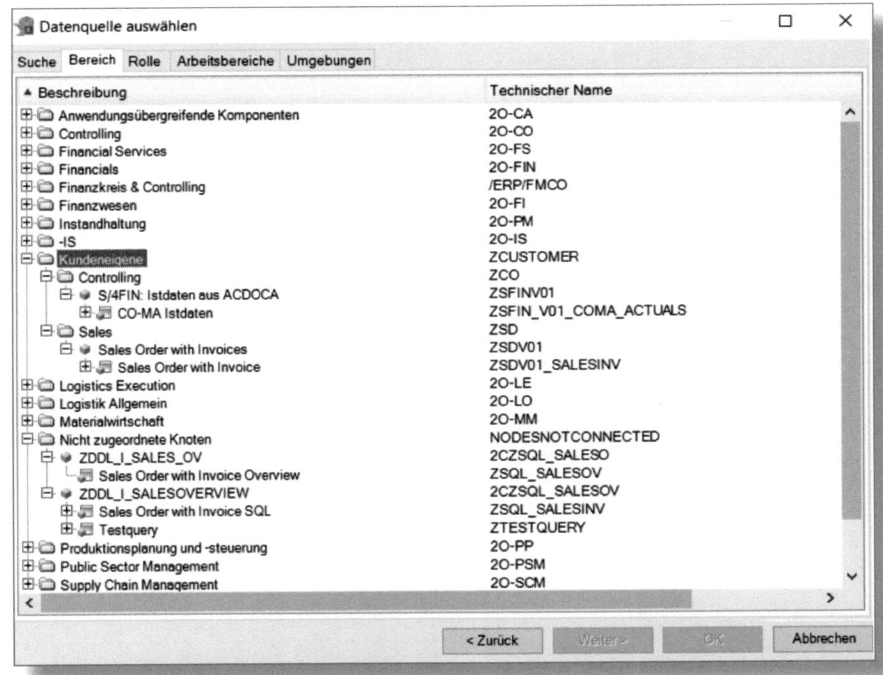

Abbildung 7.11: Datenquellen in SAP Analysis for Microsoft Office

7.5 BEx Query

Den *BEx Query Designer* von SAP können Sie zum einen als eigenständige Desktopanwendung und zum anderen als Eclipse-Plug-in (Modeling Tools for SAP BW/4HANA; siehe Abschnitt 4.1.1) verwenden.

Mit dem BEx Query Designer werden auf Basis von InfoProvidern Queries erstellt. Sie definieren Filterkriterien, Formeln, Schwellenwerte (Exceptions), Bedingungen oder Ausnahmen, um komplexe Queries zu entwickeln, die eine Anwendergruppe konsumieren kann. Aufgrund seiner Komplexität ist der BEx Query Designer im Gegensatz zu SAP Analysis for Microsoft Office eher eine Anwendung für technisch versierte Kollegen.

Ich möchte Ihnen kurz erläutern, wie Sie für die Praxisbeispiele dieses Buches eine Query mit dem BEx Query Designer erstellen.

Um eine Query mithilfe der Desktopanwendung zu entwickeln, starten Sie das Programm Query Designer und melden sich an Ihrem SAP-System an. Dann legen Sie eine neue Query an, indem Sie auf den Button ❶ Neue Query... klicken. Anschließend wählen Sie einen InfoProvider aus, entweder über Suche, Historie oder InfoAreas. Der InfoProvider ❸ ZDDL_I_SALESOVERVIEW aus Abschnitt 6.3.1 ist in der InfoArea ❷ Nicht zugeordnete Knoten zu finden (siehe Abbildung 7.12).

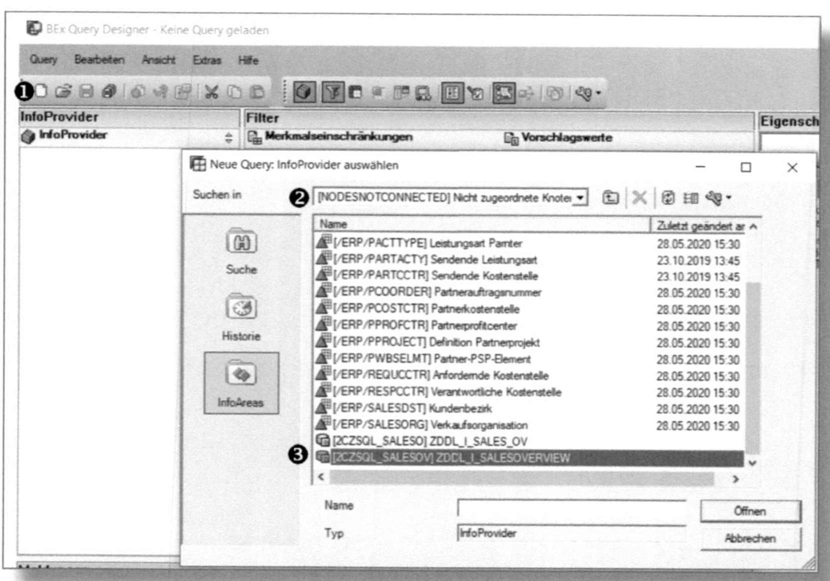

Abbildung 7.12: InfoProvider für neue Query öffnen

Nach Öffnen des InfoProviders sehen Sie im linken Bildschirmbereich ❶ alle verfügbaren KENNZAHLEN und DIMENSIONEN. Unter FILTER und ZEILEN/SPALTEN ganz unten ❷ werden die Selektionskriterien in Form von Filtern und die anzuzeigenden Zeilen/Spalten definiert. Auf der Seite ZEILEN/SPALTEN definieren Sie FREIE MERKMALE ❸, SPALTEN ❹und ZEILEN ❺ der Query. Nach dem Speichern können Sie die Query verwenden und z. B. mithilfe von SAP Analysis for Microsoft Office (siehe Abschnitt 7.4.2) oder per SAP-Fiori-App (siehe z. B. Abschnitt 5.3.1) aufrufen (siehe Abbildung 7.13).

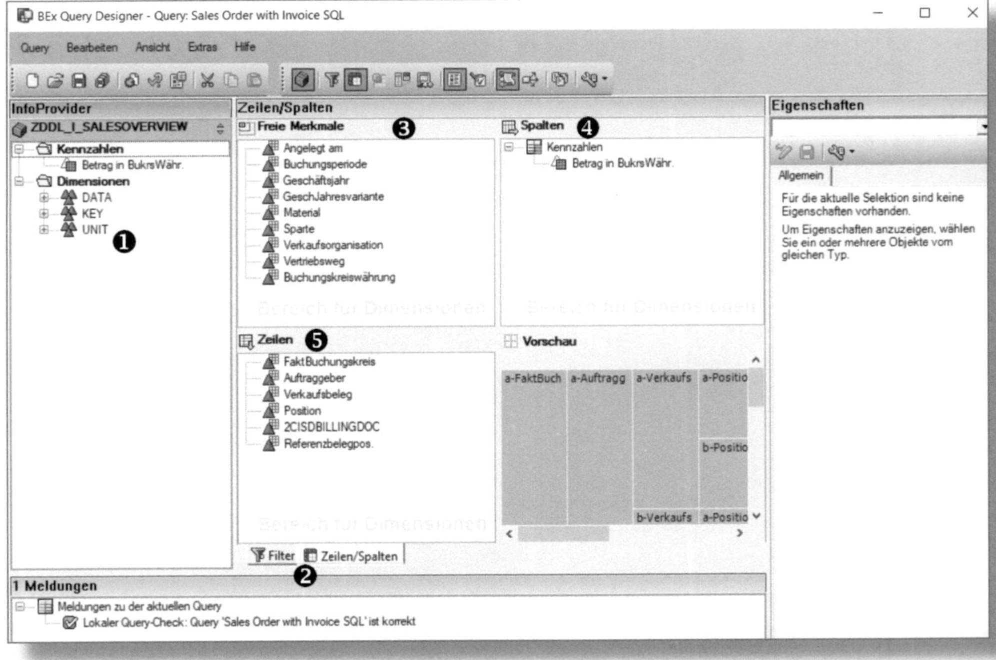

Abbildung 7.13: BEx Query Designer – Query-Definition

Queries in Eclipse werden mit Modeling Tools for SAP BW/4HANA erstellt, die Sie als Add-on zu Eclipse installieren (siehe Abschnitt 4.1.1). Hierzu melden Sie sich an Ihrem SAP-System an, rufen z. B. über das BW-REPOSITORY❶ InfoAreas ❷ auf und wählen den InfoProvider aus, für den Sie eine Query erstellen möchten. Sie legen eine Query an, indem Sie mit der rechten Maustaste auf den InfoProvider klicken und anschließend auf Neu • Query ❸. Danach können Sie wieder Filter, Zeilen, Spalten und freie Merkmale definieren und die Query generieren (siehe Abbildung 7.14).

Buchtipp »Schnelleinstieg in den SAP® Query Designer mit Eclipse«

Detaillierte Informationen zur Erstellung von Queries mithilfe von Eclipse finden Sie im Buch »Schnelleinstieg in den SAP® Query Designer mit Eclipse« (Jürgen Noe, Espresso Tutorials, 2017).

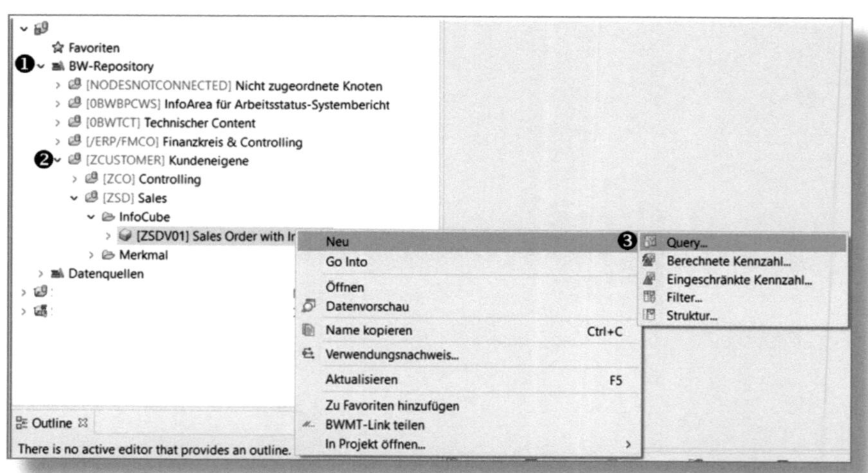

Abbildung 7.14: Query in Eclipse erstellen

7.6 Weitere Tools

Neben den bisher vorgestellten Tools gibt es noch viele weitere, mit denen Sie auf SAP HANA Calculation Views oder ABAP-CDS-Views zugreifen können. Ich möchte an dieser Stelle nur einige nennen, die ich in meinem Arbeitsumfeld kennengelernt habe, um Ihnen ggf. Anregungen für die Visualisierung mitzugeben:

- *SAP Lumira* – bald abgelöst durch SAP Analytics Cloud
- *Microsoft Power BI* – zur Erstellung interaktiver Dashboards
- *Qlik* – zur Erstellung interaktiver Dashboards
- *Tableau* – zur Erstellung interaktiver Dashboards
- *board* – zur Analyse, Simulation, Planung

8 Fazit

Wie in diesem Buch vorgestellt, gibt es eine Vielzahl von Möglichkeiten, die Embedded-Analytics-Funktionalitäten eines SAP-S/4HANA-Systems zu nutzen. Sie haben sowohl die Systemarchitektur als auch die wichtigsten Werkzeuge kennengelernt, mit denen Sie den vollen Funktionsumfang ausschöpfen können. Je nach Kenntnisstand (Anwender, Key-User, Berater oder Entwickler) sind für Sie dabei unterschiedliche Funktionalitäten von Bedeutung.

Eines ist jedoch sicher: Die vielfältigen Echtzeit-Reporting-Möglichkeiten, die mit SAP S/4HANA geboten werden, waren in dem jetzigen Funktionsumfang zuvor in keinem SAP-System enthalten und müssen in bestehende Reporting-Strategien von Unternehmen eingearbeitet werden.

Daher möchte ich Ihnen einige Fragestellungen mit auf den Weg geben, die in eine einheitliche Reporting-Strategie einfließen sollten:

- Welche Berichte werden in Zukunft direkt aus SAP S/4HANA konsumiert und welche weiterhin aus einem existierenden BW-System?
- Wer darf auf welche Berichte zugreifen? Echtzeitanalysen können im Zweifel auch zu Missverständnissen führen, gerade wenn Umlagen oder andere Abschlussprozesse noch nicht stattgefunden haben.
- Welcher Benutzer darf benutzerdefinierte Abfragen, eigene Queries oder sogar komplett neue Berichte erstellen?
- Dürfen Berichte nur noch per SAP Fiori oder auch weiterhin per Microsoft Excel bzw. SAP Analysis for Microsoft Office konsumiert werden?

Bei weiteren Fragen können Sie mich gerne über die bekannten Business-Netzwerke kontaktieren.

ESPRESSO
TUTORIALS

A Der Autor

Michael Kroschwitz begann seine Karriere im IT-Bereich mit der Ausbildung zum IT-System-Elektroniker. Bereits während seines daran anschließenden Studiums zum Wirtschaftsingenieur (M.Eng.) stieg er als Werkstudent ins SAP-Umfeld ein und schrieb seine Masterthesis auf dem Gebiet der Logistik über SAP Transportation Management.

Nach seinem Studium arbeitete er als externer und interner Berater in verschiedenen Positionen (abat AG, ZF Friedrichshafen AG und PTS Group AG) und richtete seinen Fokus auf das Finanz- und Berichtswesen von SAP.

2019 gründete er die Firmen KROSCHWITZ CONSULTING und INFINSYS GmbH mit dem Ziel, Kunden bei der digitalen Transformation ihrer Geschäftsmodelle und Wertschöpfungsnetzwerke im Bereich Finanzwesen kompetent zu begleiten und zu unterstützen.

B Index

A

B

C

D

E

I

K

L

M

C Disclaimer

Die in diesem Werk wiedergegebenen Gebrauchsnamen, Handelsnamen, Warenbezeichnungen usw. können auch ohne besondere Kennzeichnung Marken sein und als solche den gesetzlichen Bestimmungen unterliegen. Sämtliche in diesem Werk abgedruckten Bildschirmabzüge unterliegen dem Urheberrecht der SAP SE, Dietmar-Hopp-Allee 16, 69190 Walldorf.

In dieser Publikation wird auf Produkte der SAP SE Bezug genommen. SAP, R/3, SAP NetWeaver, Duet, PartnerEdge, ByDesign, SAP BusinessObjects Explorer, StreamWork und weitere im Text erwähnte SAP-Produkte und -Dienstleistungen sowie die entsprechenden Logos sind Marken oder eingetragene Marken der SAP SE in Deutschland und anderen Ländern. Business Objects und das Business-Objects-Logo, BusinessObjects, Crystal Reports, Crystal Decisions, Web Intelligence, Xcelsius und andere im Text erwähnte Business-Objects-Produkte und -Dienstleistungen sowie die entsprechenden Logos sind Marken oder eingetragene Marken der Business Objects Software Ltd. Business Objects ist ein Unternehmen der SAP SE. Sybase und Adaptive Server, iAnywhere, Sybase 365, SQL Anywhere und weitere im Text erwähnte Sybase-Produkte und -Dienstleistungen sowie die entsprechenden Logos sind Marken oder eingetragene Marken der Sybase Inc. Sybase ist ein Unternehmen der SAP SE. Alle anderen Namen von Produkten und Dienstleistungen sind Marken der jeweiligen Firmen. Die Angaben im Text sind unverbindlich und dienen lediglich zu Informationszwecken. Produkte können länderspezifische Unterschiede aufweisen.

Der SAP-Konzern übernimmt keinerlei Haftung oder Garantie für Fehler oder Unvollständigkeiten in dieser Publikation. Der SAP-Konzern steht lediglich für SAP-Produkte und -Dienstleistungen nach der Maßgabe ein, die in der Vereinbarung über die jeweiligen Produkte und Dienstleistungen ausdrücklich geregelt ist. Aus den in dieser Publikation enthaltenen Informationen ergibt sich keine weiterführende Haftung.

Weitere Bücher von Espresso Tutorials

Andreas Unkelbach:

Berichtswesen im SAP®-Controlling

- Grundlagen der Berichtskonzeption im SAP Controlling
- Entwicklung eines internen Berichtswesens in SAP ERP CO
- Varianten zur Selektion von Bewegungsdaten
- Export von Berichten nach Exceldie Rolle von BW im operativen SAP –Berichtswesen

http://5150.espresso-tutorials.de

Martin Munzel, Renata Munzel:

Projektcontrolling mit SAP® PS

- strukturieren – PSP, Netzplan, Meilenstein
- planen – Easy Cost Planning, Hierarchie, Netzplan
- pflegen – Anlegen, Ändern und Löschen mittels Project Builder
- integrieren – Übergang zu anderen SAP-Modulen

http://5156.espresso-tutorials.de

Christoph Theis, Stefan Eifler:

Werteflüsse in die SAP-Ergebnisrechnung (CO-PA) unter S/4HANA®

- Werteflüsse anhand des logistischen Verkaufs- und Produktionsprozesses
- Vergleich der kalkulatorischen mit der buchhalterischen Ergebnisrechnung
- Darstellung der Änderungen im Wertefluss im Vergleich zu SAP ERP
- durchgehendes Zahlenbeispiel bis hin zu den Abschlusstätigkeiten

http://5394.espresso-tutorials.de